"领先一步学科学"系列

你所不知的基因密码

主　　编	杨广军		
副 主 编	朱焯炜	章振华	张兴娟
	胡　俊	黄晓春	徐永存
本 册 主 编	肖　寒		
本册副主编	陈　昕	周建东	朱焯炜

上海科学普及出版社

图书在版编目（CIP）数据

你所不知的基因密码／杨广军主编.—上海：上海科学普及出版社，2013.7（2018.4 重印）
（领先一步学科学）
ISBN 978-7-5427-5783-8

Ⅰ.①你… Ⅱ.①杨… Ⅲ.①人类基因-青年读物②人类基因-少年读物 Ⅳ.①R394-49

中国版本图书馆 CIP 数据核字（2013）第 106774 号

组　　稿　胡名正　徐丽萍
责任编辑　徐丽萍
统　　筹　刘湘雯

"领先一步学科学"系列
你所不知的基因密码
主编　杨广军
副主编　朱焯炜　章振华　张兴娟
　　　　胡　俊　黄晓春　徐永存
本册主编　肖　寒
本册副主编　陈　昕　周建东　朱焯炜
上海科学普及出版社出版发行
（上海中山北路 832 号　邮政编码 200070）
http://www.pspsh.com

各地新华书店经销　北京柯蓝博泰印务有限公司印刷
开本 787×1092　1/16　印张 7.5　字数 230 000
2013 年 7 月第 1 版　2018 年 4 月第 2 次印刷

ISBN 978-7-5427-5783-8　　　定价：29.80 元

卷首语

　　不知从什么时候起，在许多人的心目中，尤其是在青少年、学生的心中，诺贝尔科学奖是那么崇高，诺贝尔科学奖获得者却也是那么高高在上，遥不可及。

　　在人类漫长的历史中，疾病和伤痛没有一刻停止对人类的侵袭，如鼠疫、霍乱、炭疽、埃博拉病、艾滋病。更多种致命的疾病可能在将来的某一天出现，给予人类健康以致命打击。面对如此强大的敌人，从古至今，有无数科学家、医学专家在生理学和医学领域奋斗终身，做出了杰出的贡献，挽救了人类。

　　让我们来到生理学及医学的领域，一起跟随获得诺贝尔生理学或医学奖的科学家的足迹，仰慕他们的高尚人格和献身精神，学习他们的科学思想和科学方法，与他们智慧的大脑对话吧……

目 录

·追本溯源——诺贝尔奖的来源·

炸药大王——诺贝尔 …………………………………………… (3)
诺贝尔的遗产——诺贝尔奖 …………………………………… (8)
卡罗琳医学院的荣耀——诺贝尔生理学或医学奖 …………… (14)

·挑战病魔——疾病与药物·

抗生素阻击病菌 ………………………………………………… (19)
贝林发明白喉血清疗法 ………………………………………… (26)
疟疾、斑疹伤寒可治愈 ………………………………………… (31)
肺结核有特效药 ………………………………………………… (38)
沃伦和马歇尔发现幽门螺杆菌 ………………………………… (42)
维生素发现之旅 ………………………………………………… (47)
布鲁西姆发现朊蛋白 …………………………………………… (57)
班丁和麦克劳德发现胰岛素 …………………………………… (61)

发现病毒的复制机制和基本结构 ……………………………… (65)
病毒会引起癌症吗 ………………………………………………… (72)
防治艾滋病 ……………………………………………………… (80)
DDT 的兴衰 ……………………………………………………… (85)

·健康福音——医疗技术的发展·

心电图诊断技术 ………………………………………………… (91)
影像诊断的进步——CT 与核磁共振 ………………………… (94)
检测药物中毒和药物代谢的放射免疫分析法 ………………… (99)
诊断与治疗心血管疾病的心脏导管术 ………………………… (102)
器官移植 ………………………………………………………… (105)

·揭开生命活动的奥秘——人体生理学·

巴甫洛夫与条件反射学说 ……………………………………… (113)
肌肉是如何工作的 ……………………………………………… (118)
解密血管对人体的调节作用 …………………………………… (122)
揭开神经系统的秘密 …………………………………………… (128)
揭示人体能量的代谢 …………………………………………… (137)
糖、脂、氨基酸是怎样被代谢的 ……………………………… (144)
克科尔对甲状腺病的研究 ……………………………………… (149)
眼睛屈光学及夜盲症的突破 …………………………………… (152)
耳科生理学的的重要进展 ……………………………………… (155)
免疫学的进展及抗原抗体 ……………………………………… (159)
激素是生命的重要物质 ………………………………………… (174)

目 录

探索复杂的脑 …………………………………………………（180）

·解读生命密码——遗传学和基因·

细胞结构和功能的重大发现 ……………………………………（191）
染色体的遗传机制 ………………………………………………（196）
DNA 和 RNA 的奥秘 ……………………………………………（202）
生命的密码——基因 ……………………………………………（209）
生命工厂原料——蛋白质的密码 ………………………………（217）
胚胎发育过程的遗传控制 ………………………………………（222）
人工诱导遗传突变 ………………………………………………（226）
人体化学反应的催化剂——酶 …………………………………（229）

追本溯源
——诺贝尔奖的来源

不知从什么时候起,在我们许多人的心目中,尤其是在从事科学研究的青年心中,诺贝尔奖总是充满着崇高的色彩,人们对获奖的科学家敬仰有加。多少中国人在殷切期盼着中国科学家登上诺贝尔奖的颁奖台,从瑞典国王手中接过诺贝尔奖章,这是何等荣耀的事情!

追本溯源——诺贝尔奖的来源

炸药大王——诺贝尔

在世界科学史上，有这样一位伟大的科学家：他不仅把自己的毕生精力全部贡献给了科学事业，而且还留下遗嘱，把自己的遗产大部分捐献给科学事业，用以奖掖后人向科学的高峰努力攀登。今天，以他的名字命名的科学奖已经成为举世瞩目的最高科学大奖。他的名字和人类在科学探索中取得的成就一起，永远地留在了人类社会发展的文明史册上。这位伟大的科学家，就是世人皆知的瑞典化学家——阿尔弗雷德·贝恩哈德·诺贝尔。

◆诺贝尔肖像

阿尔弗雷德·贝恩哈德·诺贝尔是瑞典化学家、工程师、发明家、军工装备制造商和硝化甘油炸药的发明者。他曾拥有军工厂，主要生产军火；还曾拥有一座钢铁厂。在他的遗嘱中，他利用他的巨大财富设立了诺贝尔奖，各种诺贝尔奖项均以他的名字命名。人造元素𨭆就是以诺贝尔的名字命名的。

诺贝尔的成长路

1833年10月21日，一个瘦弱的婴儿诞生了，他就是后来的炸药大王

你所不知的基因密码

◆瑞典中部卡尔斯库加市的白桦山庄——诺贝尔故居

◆曾记载诺贝尔当年看病的病例记录

诺贝尔。诺贝尔从小体弱多病，但他意志顽强，不甘落后。

诺贝尔的父亲很关心小诺贝尔的兴趣爱好，常常讲科学家的故事给他听，鼓励他长大做一个有用的人。诺贝尔的母亲卡罗莱曼是一位有文化教养的女性，讲求实际，乐观豁达，谦虚有礼。她对孩子既严格又慈爱，经常带着诺贝尔做一些浇花、锄草、清除垃圾的劳动。

1841年，诺贝尔8岁，他终于到了上学的年龄，诺贝尔进了当地的约台小学，这是他一生中接受正规教育的唯一的一所学校。诺贝尔由于生病，上课出勤率最低。但是在学校里，他学习努力，成绩经常名列前茅。当时诺贝尔的父亲因谋生困难，已经到邻国芬兰去工作了。他和母亲仍然留在斯德哥尔摩。没有多久，诺贝尔的父亲研制的一种水雷被俄国公使知道了。公使参观了他的产品，十分赏识，盛情邀请他到俄国去工作，并且送他到彼得堡。他研制的水雷，在1853年爆发的克里米亚战争中被俄军用来阻挡英国舰队的前进。1842年，诺贝尔全家移居俄国的彼得堡。9岁的诺贝尔因不懂俄语，身体又不好，不能进当地的学校。他父亲请了一位家庭教师，辅导他们兄弟三人学习文化。老师经常进行成绩考核，向父亲汇报学习情况，诺贝尔进步很快。学习之余，他喜欢跟着父亲在工厂里做些零碎活。诺贝尔跟着父亲，看父亲设计和研制水雷、水雷艇和炸药，耳闻目染，在他幼小的心灵中，萌发了献身科学的理想。父亲也非常希望他学机械，长大后成为机械师。

追本溯源——诺贝尔奖的来源

1850年，17岁的诺贝尔便以工程师的名义远渡重洋，到了美国，在有名的艾利逊工程师的工场里实习。实习期满后，他又到欧美各国考察了4年，才回到家中。在考察中，他每到一处就立即开始工作，深入了解各国工业发展的情况。诺贝尔从小体弱多病，加上他又特别勤奋，1854年的夏天，他的病越来越重，在迫不得已的情况下，只好放下工作去医治。治病期间，他给父亲去信说："我希望不久能结束这种游牧生活，开始活动内容较多的新生活。目前这种生活消磨我的时间，实在令人讨厌。"没有等病完全好，他就投身工作和学习了。

 万花筒

诺贝尔的名言

我的理想是为人类过上更幸福的生活而发挥自己的作用。我更关心生者的肚皮，而不是以纪念碑的形式对死者的缅怀。

我看不出我应得到任何荣誉，我对此也没有兴趣。

 名人介绍——诺贝尔也是诗人

一提到诺贝尔，人们都称赞他是伟大的发明家，很少有人知道他还是个诗人和文学爱好者。他喜欢阅读瑞典、英、法、德、俄文的各种文学名著。他特别喜欢英国诗人雪莱的诗。在他写的一篇抒情诗中，有过这样的句子："我只知道专心读书探索大自然，吸取渊博而浩瀚的知识宝泉。"他还写过《兄弟与姐妹》、《最快乐的非洲》等小说，笔调清新，词句优美，独具一格。

◆年轻时的诺贝尔

你所不知的基因密码

诺贝尔与炸药

◆诺贝尔当年研究炸药的实验室

诺贝尔的父亲是一位颇有才干的发明家,倾心于化学研究,尤其喜欢研究炸药。受父亲的影响,诺贝尔从小就表现出顽强勇敢的性格,他经常和父亲一起去试验炸药。多年随父亲研究炸药的经历,也使他的兴趣很快转到应用化学方面。

1862年夏天,他开始了对硝化甘油的研究。这是一个充满危险和牺牲的艰苦历程。死亡时刻都在陪伴着他。在一次进行炸药实验时发生了爆炸事件,实验室被炸得无影无踪,5个助手全部牺牲,连他最小的弟弟也未能幸免。这次惊人的爆炸事故,使诺贝尔的父亲受到了十分沉重的打击,没有多久就去世了。他的邻居们出于恐惧,也纷纷向政府控告诺贝尔,此后政府不准诺贝尔在市内进行实验。但是诺贝尔百折不挠,他把实验室搬到市郊湖中的一艘船上继续实

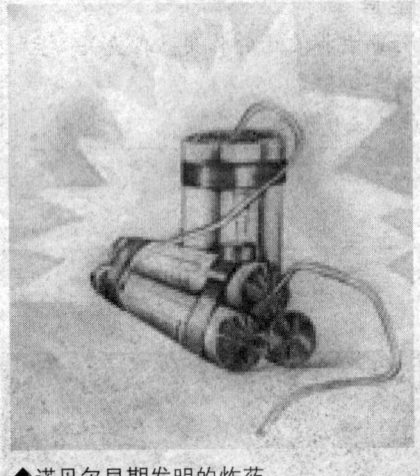

◆诺贝尔早期发明的炸药

验。经过长期的研究,他终于发现了一种非常容易引起爆炸的物质——雷酸汞,他用雷酸汞做成炸药的引爆物,成功地解决了炸药的引爆问题,这就是雷管的发明。它是诺贝尔科学道路上的一次重大突破。

在安全炸药研制成功的基础上,诺贝尔又开始了对旧炸药的改良和新炸药的生产研究。两年以后,一种以火药棉和硝化甘油混合的新型胶质炸药研制成功。这种新型炸药不仅有高度的爆炸力,而且更加安全,既可以在热辊子间碾压,也可以在热气下压制成条绳状。胶质炸药的发明在科学技术界受到了普遍的重视。

追本溯源——诺贝尔奖的来源

诺贝尔一生发明极多，获得的专利就有355种，其中仅炸药就达129种，就在他生命的垂危之际，他仍念念不忘对新型炸药的研究。

 **历史趣闻**

硝化甘油能喝吗？

1896年，诺贝尔得了心绞痛和心脏病，并且非常严重，具有讽刺意味的是，医生建议他服用硝化甘油。他不予理睬直到去世。直到100多年后，三位获得1998年诺贝尔医学奖的科学家发现硝化甘油中的一氧化氮是机体产生的一种信号分子，能够舒张血管从而有利于血液循环，对心血管系统产生益处。

 广角镜——诺贝尔的墓碑

1896年12月10日，诺贝尔在意大利的桑利玛去世，终年63岁。

诺贝尔的墓碑是一座高约3米的灰色尖顶石碑，看上去很普通。石碑正面刻有"Nobel"几个金字和诺贝尔的生卒年月，墓碑两侧刻有诺贝尔4位亲人的名字和生卒年月。墓碑右侧的地上插着编号牌：170/1678。周围是10棵一人多高的柏树。碑上没有诺贝尔的肖像（据说诺贝尔生前只有一张画像），没有浮华的雕饰，没有关于他在人类历史上写下的辉煌！每一个知道诺贝尔的人，站在他的墓前，都会感到这种朴素带给人的心灵震撼。

◆诺贝尔的墓碑

你所不知的基因密码

诺贝尔的遗产——诺贝尔奖

诺贝尔奖诞生的100多年来，其中的科学类奖项，作为世界科技领域的一项顶级奖项，它以其超强的独特魅力引领着世界科技不断创新和发展，在促进人类社会不断进步方面起到极大的推动作用，已经成为世界科技领域一面光辉的旗帜。能够站在这个最高领奖台上的获奖科学家，必定是其国家和民族最大的骄傲和自豪。

至高荣耀——诺贝尔奖

诺贝尔奖创立于1901年，它是根据瑞典著名化学家、硝化甘油炸药发明人阿尔弗雷德·贝恩哈德·诺贝尔的遗嘱以其大部分遗产作为基金创立的。诺贝尔奖包括金质奖章、证书和奖金支票。

◆早期写有诺贝尔奖提名的信

他的遗产大约是3 300万克朗，遗产所产生的利息，便被当作"诺贝尔奖"的基金。

颁奖仪式每年于诺贝尔逝世的那一天，也就是12月10日在瑞典的斯德哥尔摩举行，由瑞典国王亲自颁发。

追本溯源——诺贝尔奖的来源

诺贝尔奖是按照诺贝尔最后的遗嘱订定的,分成下列五项:

物理学奖:由瑞典科学研究院决定,授予在物理学方面有重要发明和发现的人。

化学奖:由瑞典科学研究院决定,授予在化学方面有重要发现和改良的人。

◆斯德哥尔摩市政厅——诺贝尔奖颁奖处

医学奖:由斯德哥尔摩的加罗林学会决定,授予在生理学或医学上有重要发现的人。

文学奖:由斯德哥尔摩学术院决定,授予在文学方面创作出具有理想倾向的最佳作品的人。

和平奖:由挪威议会组成的五人委员会决定,授予为促进民族团结友好,取消或裁减常备军队以及为和平会议的组织和宣传尽到最大努力或作出最大贡献的人。

经济学奖:并非诺贝尔遗嘱中提到的五大奖励领域之一,是由瑞典银行在1968年为纪念诺贝尔而增设的,获奖者由瑞典皇家科学院决定。

 知识窗

诺贝尔奖为何下午颁发

每次诺贝尔奖的发奖仪式都是下午举行,这是因为诺贝尔是1896年12月10日下午4:30去世的。为了纪念这位对人类进步做出过重大贡献的科学家,人们便选择在诺贝尔逝世的时刻举行仪式。这一做法一直沿袭到现在。

 点击——诺贝尔工业帝国

1865年,诺贝尔在德国汉堡开设了德国的诺贝尔公司;1873年至1891年迁居法国期间,法国诺贝尔公司所属的工厂开办到7家;英国的诺贝尔公司所属的工厂曾发展到8家;到19世纪70年代,诺贝尔已成工业巨富,他委托大哥在芬兰和俄国开办了化工厂，还投资诺贝尔兄弟石油公司，后者曾是诺贝尔巨额资产的重要财源之一。

后来各国的公司和工厂被改组为两个国际托拉斯：英德托拉斯和拉丁托拉斯。从1886年到1896年的10年间，诺贝尔跨国公司已遍及21个国家，拥有90余座工厂，雇工多达万余人，到了19世纪80年代末90年代初，诺贝尔跨国公司实际上已成为一个庞大的工业帝国。

诺贝尔奖的由来

◆1901年12月10日，诺贝尔奖首次颁奖仪式在斯德哥尔摩举行

◆现代诺贝尔奖颁奖典礼

诺贝尔生于瑞典的斯德哥尔摩。诺贝尔一生致力于炸药的研究，在硝化甘油的研究方面取得了重大成就。他不仅从事理论研究，而且进行工业实践。他一生共获得技术发明专利355项，并在欧美等五大洲20个国家开设了约100家公司和工厂，积累了巨额财富。

1896年12月10日，诺贝尔在意大利逝世。逝世的前一年，他留下了遗嘱，设立诺贝尔奖。据此，1900年6月瑞典政府批准设置了诺贝尔基金会，并于次年诺贝尔逝世5周年纪念日，即1901年12月10日首次颁发诺贝尔奖。自此以后，除因战时中断外，每年的这一天分别在瑞典首都斯德哥尔摩和挪威首都奥斯陆举行隆重的授奖仪式。

1968年瑞典中央银行于建行300周年之际，提供资金增设诺贝尔经济奖（全称为瑞典中央银行纪念阿尔弗雷德·贝恩哈德·诺贝尔经济科学奖

追本溯源——诺贝尔奖的来源

金），亦称纪念诺贝尔经济学奖，并于1969年开始与其他5项奖同时颁发。诺贝尔经济学奖的评选原则是授予在经济科学研究领域做出有重大价值贡献的人，并优先奖励那些早期做出重大贡献者。

 小知识

1990年诺贝尔的一位重侄孙克劳斯·诺贝尔又提出增设诺贝尔地球奖，授予杰出的环境成就获得者。该奖于1991年6月5日世界环境日之际首次颁发。

 链接——沉甸甸的奖章

诺贝尔奖的奖金数视基金会的收入而定，其范围约从11 000英镑（31 000美元）到30 000英镑（72 000美元）。由于通货膨胀，奖金的面值逐年有所提高，最初约为3万多美元，20世纪60年代为7.5万美元，80年代达22万多美元；到了90年代，每项奖金数额又有较大增长，例如1993年每项奖金为670万瑞典克朗，当年的这一数额约合84万美元；又如1996年每项奖金已增加到740万瑞典克朗，当年的这一数额约合112万美元。

金质奖章约重半镑，内含23K黄金，奖章直径约为6.5厘米，正面是诺贝尔的浮雕像。不同奖项之奖章的背面饰物不同。每份获奖证书的设计也各具风采。颁奖仪式隆重而简朴，每年出席的人数限于1 500人到1 800人；男士燕尾服或民族服装，女士要穿严肃的夜礼服；仪式中的所用白花和黄花必须从圣莫雷空运来，这意味着对诺贝尔的纪念和尊重，因为圣莫雷是诺贝尔逝世的地方。

◆诺贝尔奖章的正反面

你所不知的基因密码

华人科学家与诺贝尔奖

◆获得诺贝尔奖的六位华人科学家

◆2009年诺贝尔物理学奖获得者——高锟

李政道：1926年生于上海，美籍华人（获奖时为中国国籍），1957年获诺贝尔物理学奖，时年31岁；

杨振宁：1922年生于安徽，美籍华人（获奖时为中国国籍），1957年获诺贝尔物理学奖，时年35岁；

丁肇中：1936年生于美国，美籍华人，1976年获诺贝尔物理学奖，时年40岁；

李远哲：1936年生于台湾，美籍华人（现已放弃美国国籍，回到台湾），1986年获诺贝尔化学奖，时年50岁；

朱棣文：1948年生于美国，美籍华人，1997年获诺贝尔获物理学奖，时年49岁；

崔琦：1939年生于河南，美籍华人，1998年获诺贝尔获物理学奖，时年59岁；

钱永健：1952年生于纽约，美国华裔化学家，中国著名科学家钱学森的堂侄。现为美国科学院院士、医学院院士，美国加州大学圣迭戈分校化学及药理学两系教授。他发明多色荧光蛋白标记技术，为细胞生物学和神经生物学发展带来一场革命。2008年10月8日，钱永健与马丁·沙尔菲、

下村修共享诺贝尔化学奖。

高锟：1933年生于中国上海，英籍华人，曾任香港中文大学校长。2009年因在"有关光在纤维中的传输以用于光学通信方面"取得了突破性成就，与发明了半导体成像器件——电荷耦合器件（CCD）图像传感器的博伊尔和史密斯共同获得诺贝尔物理学奖，时年75岁。

你所不知的基因密码

卡罗琳医学院的荣耀
——诺贝尔生理学或医学奖

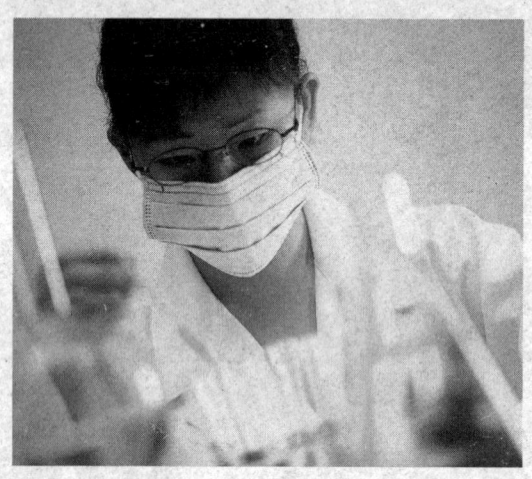

◆诺贝尔生理学或医学奖旨在奖励在生理学或者医学领域有重要的发现或发明的人。这一奖项由位于瑞典首都斯德哥尔摩的卡罗琳医学院负责颁发

生理学是生物科学的一个分支,是以生物机体的生命活动现象和机体各个组成部分的功能为研究对象的一门科学。医学是处理健康相关问题的一门科学,以治疗和预防生理和心理疾病,提高人体自身素质为目的。在人类漫长的历史当中,疾病和伤痛没有一刻停止对人类的侵袭,如鼠疫、霍乱、炭疽、埃博拉病、艾滋病。更多种致命的疾病仍将在之后的某一天出现,给予人类的健康以致命打击。面对如此强大的敌人,生理学和医学领域已经成为保护人类健康最后的堡垒。值得庆幸的是,从古至今,有无数科学家曾经在这一领域为之奋斗终生,并将有更多的人继续投入这场旷日持久的战争。

严格的评选过程

诺贝尔生理学或医学奖是根据阿尔弗雷德·诺贝尔逝世前立下的遗嘱而设立的,诺贝尔生理学或医学奖由位于瑞典首都斯德哥尔摩的卡罗琳医学院负责颁发。颁奖仪式于每年12月10日诺贝尔逝世周年纪念日举行。诺贝尔生理学或医学奖是为了表彰前一年中在生理学或者医学领域有重要

追本溯源——诺贝尔奖的来源

的发现或发明的人。

现在，生理学或医学奖的评选程序大致为：

卡罗琳医学院的诺贝尔大会任命一个工作委员会——诺贝尔委员会（Nobel Committee）负责前期工作。

邀请生理学和医学领域的代表提名候选人，提名截至日期为每年2月1日。

◆卡罗琳医学院

诺贝尔委员会对提名进行初步筛选，然后候选人提交给诺贝尔大会。诺贝尔大会最终确定得主，并对外公布（一般在每年10月份）。每年12月10日在斯德哥尔摩音乐厅举行颁奖仪式。

 小知识

起初，诺贝尔生理学或医学奖的评选是由卡罗琳医学院的教员完成的。现在根据诺贝尔基金会的相关章程，评选由卡罗琳医学院诺贝尔大会负责，大会由50名选举出来的卡罗琳医学院名教授组成。

享有盛名的医学院

卡罗琳医学院是全瑞典唯一的一所独立医科大学，位于瑞典北部斯德哥尔摩。建校于1810年，在欧洲及北美享有盛名。

斯德哥尔摩是瑞典的首都，也是全国第一大城市。地处波罗的海和梅拉伦湖交汇处。面积200平方千米，由14个岛屿和乌普兰与瑟南曼兰两个陆地地区组

◆美丽的斯德哥尔摩

你所不知的基因密码

成。斯德哥尔摩至今已有700余年的历史，今日不仅发展为全国政治、文化中心，也是全国经济和交通中心，其工业总产值和商品零售总额均占全国的20%以上，拥有钢铁、机器制造、化工、造纸、印刷、食品等各类重要行业，全国各大企业以及银行公司的总部有60%设在这里。斯德哥尔摩风景秀丽，城市临湖和滨海一带尤为秀美。梅拉伦湖有大大小小岛屿400余座，座座岛屿风采各异。其中在桦树岛出土的文物中发现有中国唐朝时的丝绸片。位于城市中心地区的老城，中世纪情调极浓。

卡罗琳医学院也是瑞典皇家医学科学院所在地。著名的诺贝尔医学奖每年就是由该院组织评审的，因而享有极高的知名度。该校拥有世界一流的研究队伍和学术水平，每年发表在最高影响力杂志的论文约100篇。有几十篇学术论文在 Cell、Science、Nature 等国际一流刊物上发表。该校借助自己良好的品牌和知名度，广泛开展国际合作研究，与诸如国际抗癌联盟（UICC）、世界卫生组织（WHO）及各国著名大学机构如英国剑桥、美国NIH、NCI、哈佛、斯坦福和耶鲁等大学开展不同程度的合作。

点击

卡罗琳医学院拥有几十个较大的系，包括护理系，每个系有自己特定的研究领域。该校在神经科学、糖尿病、艾滋病、EBV等研究领域处于国际领先水平。

挑战病魔

——疾病与药物

  疾病是人体对来自外界环境或身体内部的有害因素作斗争的复杂的运动过程。在这个过程中，人体的防御、适应、代谢功能及人的主观能动性对疾病的发生、发展起着决定性的作用。药物是人类同疾病作斗争的有力武器之一，药物通过影响人体的功能或抑制病原体的生长、繁殖而起到防治疾病的作用。它不仅能控制疾病的发生和发展，同时也可以通过调整人体的功能加速健康的恢复。在诺贝尔生理学或医学奖的历史上，有许多科学家就是因为发现了疾病的发病机制或发明了某种药物而获奖。

  西医学对疾病发病机制的认识经过了几百年的发展，从白喉、结核到艾滋病，人们研究发病的原因，并且发明出药物来治疗疾病。但是人类与"病魔"的这场斗争还没有结束，或许，根本就不会结束。

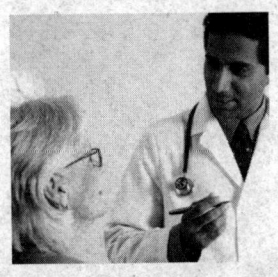

抗生素阻击病菌

抗生素大家实际上不陌生了，在普通人群中间的知名度很高，它的出现给人们带来了健康，但同时也出现了各种不良反应。下面我们一起来看看什么是抗生素，该如何合理利用抗生素。

抗生素意外被发现和发展

◆弗莱明在他的实验室中

1928年7月下旬某日，一粒不知来自何处的霉菌孢子落到了英国伦敦大学圣玛莉医学院细菌学教授弗莱明实验室的某个培养皿上。当时，弗莱明正在为撰写一篇有关葡萄球菌的回顾论文而培养大批的金黄色葡萄球菌。不过整个8月份里，弗莱明都在乡间度假，直到9月3日才返回实验室。

放假回来的弗莱明将一堆用过的培养皿堆在水槽中准备清洗；有位之前的助理正巧来访，弗莱明顺手拿起最上层一个还没浸到清洁剂的培养皿给助理看。突然，他的注意力被某个奇特的景观所吸引：该长满细菌的培养皿有个角落长了一块霉菌（真菌），其周围却清洁溜溜，细菌不生。弗莱明马上想到该霉菌可能分泌某种物质，杀死了细菌或抑制了细菌的生长。于是弗莱明便将该培养皿上的霉菌取出培养，并试着分离其中的有效

你所不知的基因密码

成分，盘尼西林（现称青霉素）因此问世。

然而遗憾的是弗莱明一直未能找到提取高纯度青霉素的方法，于是他将霉菌一代又一代地培养，并于1939年将菌种提供给准备系统地研究青霉素的英国病理学家弗洛里和生物化学家钱恩。通过一段时间的紧张实验，弗洛里、钱恩终于用冷冻干燥法提取了青霉素晶体。之后，弗洛里在一种甜瓜上发现了可供大量提取青霉素的霉菌，并用玉米粉调制出了相应的培养液。1941年开始的临床实验证实了青霉素对链球菌、白喉杆菌等多种细菌感染的疗效。在这些研究成果的推动下，美国制药企业于1942年开始对青霉素进行大批量生产。这些青霉素在世界反法西斯战争中挽救了大量美英盟军的伤病员。1945年，弗莱明、弗洛里和钱恩因发现青霉素及其临床效用而共同荣获了诺贝尔生理学或医学奖。

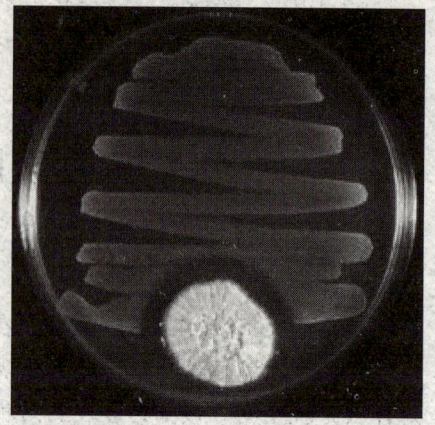

◆在青霉菌的周围没有细菌生长，这是因为青霉菌周围存在青霉素

◆1945年，诺贝尔基金会把当年的诺贝尔生理学或医学奖授给了发现青霉素的三位元勋：弗莱明、弗洛里和钱恩。他们三人作为生命卫士所建立的伟大功勋，将永远是一座立于全人类心中的巍峨丰碑。（上图从左到右分别是弗洛里和钱恩）

挑战病魔——疾病与药物

知识库——青霉素的作用

青霉素之所以能既杀死病菌又不损害人体细胞，原因在于青霉素所含的青霉烷能使病菌细胞壁的合成发生障碍，导致病菌溶解死亡，而人和动物的细胞则没有细胞壁。但是青霉素会使个别人发生过敏反应，所以在应用前必须做皮试。

小知识——多样的抗生素

◆种类繁多的抗生素，服用时必须谨慎

严格意义上讲，抗生素就是在非常低浓度下对所有的生命物质有抑制和杀灭作用的药物。比如说，我们针对细菌、病毒、寄生虫甚至抗肿瘤的药物都属于抗生素的范畴。但我们在日常生活和医疗当中所指的抗生素主要是针对细菌、病毒微生物的药物。它的种类是相当多的，大概可以分成十余种大类。在临床上常用的应该有100多品种，比如我们常用的青霉素一类有很多的品种，头孢菌素、红霉素类也有很多种。每一种类都有自己的特点，在使用时应该针对不同的疾病、人群、细菌适当地选用。但须注意的是，目前这类药均属处方药，在应用时应注意安全，使用时最好听从医生的建议。

从"染料"到抗生素

磺胺药是现代医学中常用的一类抗菌消炎药，其品种繁多，已成为一个庞大的"家族"了。可是，最早的磺胺药却是染料中的一员，从染料变成抗菌消炎的尖兵，其经过是颇耐人寻味的。

1895年多马克生于德国。在基尔大学医学院学习期间参军并参加了第一次世界大战，亲眼目睹了东部战线的士兵因患痢疾、霍乱、伤寒等传染

你所不知的基因密码

性疾病而死亡，医生们则束手无策的情景。年轻的多马克暗暗发誓："我能活着回去，一定专攻新的化学治疗方法，研制出可以消灭这些疾病的药物。"

离开部队以后，多马克在伍柏塔尔一家染料公司工作。一天，他试验用一种橘红色的染料给细菌着色，结果发现在培养基中的色素周围形成一个细菌圈。也就是说，有橘红色液体的地方，细菌都死了。这是他第一次发现"百浪多息"（橘红色液体的商品名称）的抗菌作用。于是多马克组织了一些年轻的研究人员，用了整整一个月的时间追踪这个磺胺制剂。研究的结果是，百浪多息对动物的副作用很小，对败血症有明显疗效。

◆吉尔哈德·多马克获得1939年诺贝尔生理学或医学奖

动物实验成功了，但是临床试验究竟怎样做，当时争论还很大。这时恰好多马克的女儿手指被针刺破，引起败血症，高热不退，没有药物可治。"百浪多息"用于动物实验安全有效，用于人体却还没有先例。多马克救女心切，同时也对自己的研究成果有信心，他毅然给女儿注射了百浪多息，结果热退了，女儿也得救了。多马克在科学杂志上发表了磺胺药化学治疗情况的文章，并因此获1939年诺贝尔生理学或医学奖。

点击

其实，氨苯磺胺早在1908年就被化学家合成了，可惜它的医疗价值当时没有被人们发现，因而默默无闻了20多年。磺胺药迄今仍然是消炎杀菌的重要"武器"之一。

挑战病魔——疾病与药物

 想一想——感冒需要使用抗生素吗？

感冒，西医称"上呼吸道感染"，90%以上是由病毒引起的。病毒是一种比细菌还小的微生物，寄生在人体细胞内。目前，不管多贵多好的抗生素都只对杀灭细菌有效，而无法进入细胞内向病毒"开战"。因此，抗生素对绝大多数感冒是无效的。感冒是一种自限性疾病，面对感冒既不能麻痹大意，也无须过分惊慌。只要注意多休息、多喝白开水、多吃易消化的食物，一般经过1周时间就可痊愈。症状严重的，在医生指导下服用一些抗病毒和对症治疗的药物，可以改善症状，减轻痛苦。至于细菌引起的感冒，临床上极少见。这种感冒全身症状较重，咽痛明显，基本上没有打喷嚏或流鼻涕的现象，到医院做个血常规化验，往往会发现白细胞偏高，这时医生才会建议使用抗生素。

链霉素发现的故事

1945年，弗莱明、弗洛里、钱恩三人分享诺贝尔生理学或医学奖，这是为了表彰他们发现了有史以来第一种对抗细菌传染病的灵丹妙药——青霉素。但是青霉素对许多种病菌并不起作用，包括肺结核的病原体结核杆菌。在进入20世纪之后，仍有大约1亿人死于肺结核，包括契诃夫、劳伦斯、鲁迅、奥威尔这些著名作家，都因肺结核而过早去世。世界各国医生都曾尝试过多种治疗肺结核的方法，但是没有一种真正有效，患上结核病就意味着被判了死刑。即使在科赫于1882年发现结核杆菌之后，这种情形也长期没有改观。青霉素的神奇疗效

◆获得1952年诺贝尔生理学或医学奖的塞尔曼·瓦克斯曼

 你所不知的基因密码

给人们带来了新的希望，能不能发现一种类似的抗生素有效地治疗肺结核？

果然，在1945年的诺贝尔奖颁发几个月后，1946年2月22日，美国罗格斯大学教授塞尔曼·瓦克斯曼宣布其实验室发现了第二种应用于临床的抗生素——链霉素，对抗结核杆菌有特效，人类战胜结核病的新纪元自此开始。和青霉素不同的是，链霉素的发现绝非偶然，而是精心设计的、有系统的长期研究的结果。

瓦克斯曼是个土壤微生物学家，自大学时代起就对土壤中的放射菌感兴趣，1915年他还在罗格斯大学上本科时与其同事发现了链霉菌——链霉素就是在后来从这种放射菌中分离出来的。人们长期以来就注意到结核杆菌在土壤中会被迅速杀死。1932年，瓦克斯曼受美国对抗结核病协会的委托，研究了这个问题，发现这很可能是由于土壤中某种微生物的作用。1939年，在药业巨头默克公司的资助下，瓦克斯曼领导其学生开始系统地研究是否能从土壤微生物中分离出抗细菌的物质，他后来将这类物质命名为抗生素。1940年，瓦克斯曼和同事伍德鲁夫分离出了他的第一种抗生素——放线菌素，可惜其毒性太强，价值不大。1942年，瓦克斯曼分离出第二种抗生素——链霉素。因此，1952年的诺贝尔生理学或医学奖就颁给了瓦克斯曼。

 小知识

链霉素的毒性不大，它用于治疗结核病患者，效果出奇地好。它随后也被证实对鼠疫、霍乱、伤寒等多种传染病也有疗效。

 轶闻趣事——萨兹应该分享诺贝尔奖吗？

链霉素最早是由瓦克斯曼的学生阿尔伯特·萨兹分离出来的。1946年，萨兹博士毕业，离开了罗格斯大学。在离开罗格斯大学之前，萨兹在瓦克斯曼的要

挑战病魔——疾病与药物

求下,将链霉素的专利权无偿交给罗格斯大学。

1952年10月,瑞典卡罗琳医学院宣布将诺贝尔生理学或医学奖授予瓦克斯曼一个人,以表彰他发现了链霉素。萨兹通过其所在的学院向诺贝尔奖委员会要求让他分享殊荣,并向许多诺贝尔奖获得者和其他科学家求援,但很少有人愿意为他说话。当年12月12日,诺贝尔生理学或医学奖如期颁给了瓦克斯曼一人。瓦克斯曼在领奖演说中介绍链霉素的发现时,不提萨兹,而说"我们"如何如何,只在最后才把萨兹列入鸣谢名单中。瓦克斯曼在1958年出版回忆录,也不提萨兹的名字,而是称之为"那位研究生"。

◆阿尔伯特·萨兹(左)和他的老师瓦克斯曼在一起

 友情提醒——请合理使用抗生素

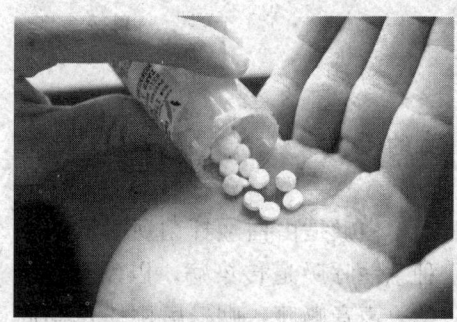
◆抗生素必须合理使用

抗生素如同一把双刃剑,用得科学合理,可以为人类造福,不恰当则要危害人类的健康。滥用抗生素可以导致菌群失调。正常人类的机体中往往都含有一定量的正常菌群,它们是人们正常生命活动的有益菌,比如在人们的口腔内、肠道内、皮肤都含有一定数量的人体正常生命活动的有益菌群,它们参与人身体的正常代谢。同时,在人体的躯体中,只要有这些有益菌群的存在,其他对人体有害的菌群是不容易在这些地方生存的。打个比方,这如同某些土地上,已经有了一定数量的"人类",其他的"人类"是很难在此生存的。而人们在滥用抗生素的同时,抗生素是不能识别对人类有益还是有害菌群的,如同在铲除当地"土匪"的同时,连同老百姓也一起杀掉,结果是人体正常的菌群也被杀死了。这样,其他的有害细菌就会在此繁殖,从而形成了"二次感染",这往往会导致应用其他抗生素无效,病死率很高。

你所不知的基因密码

贝林发明白喉血清疗法

1891年12月的一天,在柏林大学附属诊疗所的儿科病房,埃米尔·贝林给一位绝望了的白喉病儿注射了这种来自于动物的含有白喉抗毒素的免疫血清。第二天,患儿的病情明显好转。医学史上的一个重要里程碑,人类防治传染病的重要方法——血清疗法诞生了。10年后,1901年,埃米尔·贝林因为发明血清疗法而获得第一届诺贝尔生理学或医学奖。

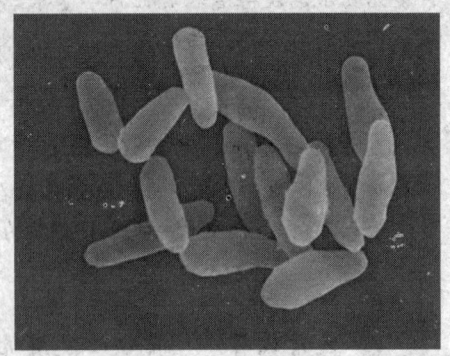

◆电子显微镜下看到的白喉杆菌

具有致死性的白喉

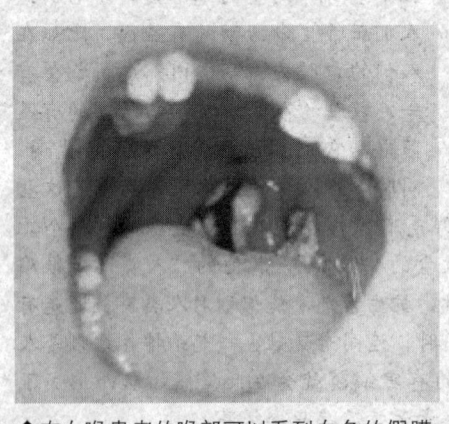

◆在白喉患者的喉部可以看到白色的假膜

白喉是由白喉杆菌所引起的一种急性呼吸道传染病,以发热、气憋、声音嘶哑,咽、扁桃体及其周围组织出现白色假膜为特征。严重者可并发心肌炎和神经麻痹,全身中毒症状明显。本病以秋冬季节为多发,偶尔可以造成流行,以2~5岁小儿患病为多,患病后均有持久免疫力。在古代中国,医书上就有记载,被称为"喉痹"、"喉风"、

挑战病魔——疾病与药物

"锁喉风"、"白蚁疮"、"白缠喉"、"白喉风"等。

白喉主要通过呼吸道飞沫传播；也可通过被污染的手、玩具、文具、食具及手帕等传播；偶有通过污染牛奶而引起流行的报道；也可通过破损的皮肤和黏膜受染。白喉同时可有高热、烦躁、拒食、呕吐和其他脏器的损害，也可突然昏迷，血压骤降，来不及抢救而死亡。

轶闻趣事——贝林发现灵丹妙药

1891年12月的一天，在柏林大学附属诊疗所的儿科病房贝林正缓缓地把自制的白喉抗毒素血清注入一个奄奄一息的白喉患儿的体内。贝林一丝不苟地操作，全神贯注地观察，从他小心翼翼的神态，使人感到这是非同一般的治疗。原来，这是他第一次用白喉抗毒素血清给白喉患者治疗。弄得不好是会出人命的，因此他格外小心，以致于显得有些紧张。

首次治疗成功了！患儿的生命被贝林从死神手中夺了回来，重新活跃在充满诗情画意的世界里。自此，以前被视为不治之症的白喉病被贝林征服了。很快，白喉抗毒素供不应求，各药房争相购买。这一灵丹妙药成了儿童的福音，挽救了千千万万患儿的生命。

◆第一届诺贝尔生理学或医学奖得主——埃米尔·贝林

贝林和他的日本朋友

贝林是如何发现白喉抗毒素这一灵丹妙药的呢？这还得从贝林结识一位日本朋友说起。贝林是学医的，曾当过军医，后来被大名鼎鼎的细菌学家科赫看中，便到科赫传染病研究所从事细菌研究工作。这是个蜚声世界

你所不知的基因密码

◆日本科学家——北里柴三郎

的研究所,有过许多重大的发明,曾引起世界各地不少著名科学家的瞩目,并纷纷前往这儿访问。日本学者北里柴三郎也慕名来到这儿。他与贝林一见如故,两人进行学术交流时谈得非常投机。

一天,他俩在花园里散步,说东道西,但三句话不离本行,话题从未离开过医学。"中国古代医书上有一条医理,叫作'以毒攻毒'",北里柴三郎满有把握地说,"我看它之所以能延用至今,必定合乎科学道理。我们能否根据这条医理来预防和治疗疾病呢?"

"以毒攻毒,以毒攻毒",贝林像被什么东西迷住了似的,不停地重复着这几个字,脑海里同时掠过了一幕幕往事。他感到豁然开朗了:"对!以毒攻毒,既然病毒能产生毒素毒害人和动物,那么就一定会有一种能攻毒的抗毒素。"真是"心有灵犀一点通",简短的交谈,使他俩各自从对方那儿受到启发。于是,一个伟大的发明就从这里萌芽了!明白了医理,认准了道路,贝林就一头扎进实验室。经过数百次试验,认为成功只是迟早的事情。于是,在1889年法国医学学会的年会上,他首次提出了"抗毒素免疫"的新概念,并向与会者阐述了以毒攻毒的原理。

历经近400次试验,贝林终于发现,将曾感染过破伤风杆菌而存活的动物血清,注入刚感染破伤风杆菌的动物体内,可以预防破伤风病症的发作。

挑战病魔——疾病与药物

 点击

受过破伤风的动物血清中，有着对抗破伤风毒素的抗毒素，它可"中和"毒素，使之失效。医学上称之为"抗毒素的被动免疫"。正因为如此，贝林被称为免疫学尤其是血清治疗法的创始人。

 链接——勤奋的埃米尔·贝林

埃米尔·贝林1854年3月15日出生于德国普鲁士，父亲是一位乡村教师，全家共有13个小孩，由于家庭负担不起继续上大学，1874年他进入了柏林陆军医学院，1878年获得医学学位，1880年通过国家考试，1888年出任陆军医学院讲师。他工作十分勤奋，每天早上4点就到实验室了，当其他同事开始做实验时，他已经完成了一半的日常工作。他保持了很高的工作效率，这为他成功奠定了基础。1889年他成为著名医生罗伯特·科赫的助理，1894年被任命为传染病研究所教授。

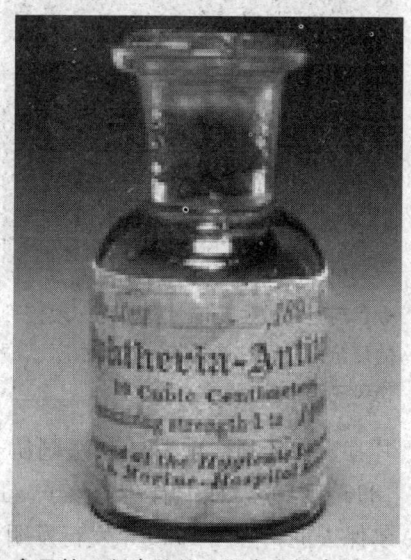

◆贝林研制出的第一瓶白喉抗毒素

贝林攻克白喉

1889～1894年，贝林的主要工作是研究白喉，当时欧洲一年有5万多名儿童死于白喉。开始他尝试以消毒来防止人体感染，运用氩和汞消毒，但都失败了。在实验期间，他发现老鼠从未遭到炭疽的感染，鼠血清能摧毁炭疽杆菌。他把白喉杆菌打入豚鼠（实验用的小白鼠）体内，用从这只

你所不知的基因密码

◆ 贝林和他的助手在做实验

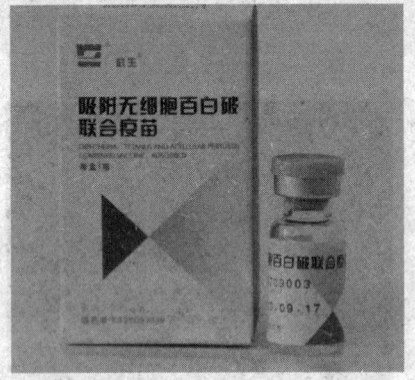

◆ 目前百白破疫苗成为婴幼儿必须接种的疫苗之一，它包括百日咳、白喉、破伤风三种疫苗

豚鼠体内提取出来的血清注入另一只感染了白喉杆菌的豚鼠体内，结果，这只豚鼠没有出现任何症状。他称血清中的物质为"抗毒素"，用动物的血清可以治愈其他的动物。1891年底，他首次成功地用羊的血清治愈了一例在柏林医院里住院的白喉患儿，为人类征服白喉迈出了重要的一步。1892年他与法兰克福化学制药公司合作，1894年生产和销售白喉疫苗。1901年，他获得了首届诺贝尔生理学或医学奖。

1907年起，他转入研究肺结核，不幸的是50岁的他也患上了肺结核。为方便工作，1914年他在马尔堡建起了装备精良的实验室，一直居住到去世。

贝林曾得到不少的荣誉，1893年成为教授，1895年获得居留法国军官勋章，以后几年先后成为意大利、土耳其、匈牙利、俄罗斯和法国协会的荣誉会员，1903年进入议会。贝林1896年结婚，他们有7个孩子。1916年5月退役，1917年3月31日在马尔保去世。德国1940年发行发明白喉血清50周年邮票纪念贝林。

 知识库——贝林和碘仿

除了繁忙的临床工作外，贝林抽时间学习有关败血症相关问题。在1881～1883年间对碘仿的作用进行了重要的研究，并发现此药不杀微生物但可中和微生物释放的毒，因此有抗毒作用。他在这方面的最初论文于1882年发表。

挑战病魔——疾病与药物

疟疾、斑疹伤寒可治愈

2005年3月10日，英国《自然》杂志刊发由英国牛津大学热带病研究中心、肯尼亚医学研究中心和泰国马希隆大学专家合作撰写的一份研究报告。报告指出：全球每年感染疟疾的人数已超过5亿，是世界卫生组织估计数字的两倍；疟疾对人类的威胁被大大低估，它已成为发展中国家人群健康的最大杀手。

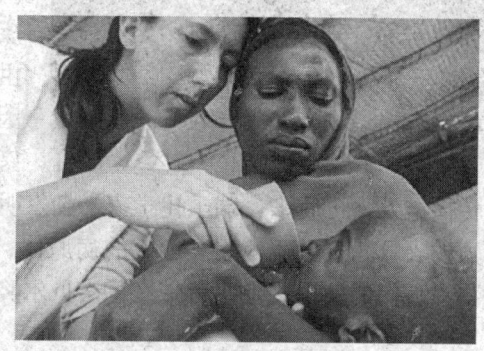
◆非洲人民在与疟疾作着殊死搏斗

疟疾的悠久历史

◆治疗疟疾的先驱——法国医生拉韦朗和英国医生罗斯

疟疾的历史几乎与人类文明一样悠久，史前人类就为疟疾所苦。科学家认为，疟疾可能发源于非洲大陆，古埃及、希腊和罗马都有疟疾流行，据称疟疾曾是影响罗马军队战斗力乃至国家兴衰的重要因素。当时西方认为疟疾来源于罗马城周围恶臭的沼泽地散发的毒气，现在疟疾的英文名称 malaria 即源于意大利语的"瘴气"。疟疾随着人类的

"领先一步学科学"系列

你所不知的基因密码

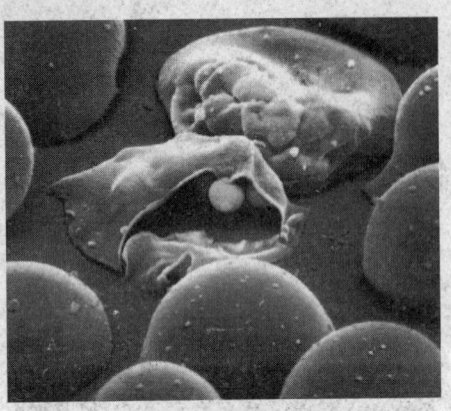

◆被疟原虫破坏的红细胞

大迁徙而传播到地中海沿岸、亚洲等地。

微生物学的兴起使人们将目光从瘴气和沼泽本身转向了生活在这种环境里的蚊子，搜寻疟疾元凶的包围圈渐渐缩小。1880年，在阿尔及利亚工作的法国医生拉韦朗在疟疾患者体内找到了一种单细胞寄生虫，确定它是导致疟疾的直接原因，这就是疟原虫。1897年，英国医生罗纳德·罗斯证明疟疾由蚊子传播给人。再后来，瑞士化学家米勒发明了DDT，这种物质曾经作为强有力的灭蚊药物广泛使用。疟疾的病原体、传播媒介、杀虫剂，这三项成果都为它们的发现或发明者带来了诺贝尔奖。

 名人介绍——罗纳德·罗斯

　　1857年5月13日罗纳德·罗斯出生于印度，父亲是英国驻印度军队中的普通士兵。他在印度寄宿学校上学，1875年在伦敦圣巴塞洛医学院学医，1879年通过皇家学院外科考试，1881年去印度军队医疗服务，1892年开始研究疟疾，1899年加入利物浦热带医学院琼斯先生的研究，1901年当选为英国皇家学会院士，1911～1913年为皇家学会副会长，1911年提升为骑士，1917年任战争办事处顾问，后任外交部疟疾养老金顾问，1926年任热带病卫生所董事长直至去世。

从蚊子到人

　　疟原虫有着复杂而古怪的生命周期。它在脊椎动物（比如倒霉的我们自己）体内进行无性繁殖，再到蚊子体内发育到性成熟阶段，进行有性生殖。现在发现的疟原虫有4种，其中最常见、最有代表性的就是恶性疟原虫。

　　蚊子把疟原虫传播给人的过程：蚊子在享受鲜血的盛宴之前，先吐出

挑战病魔——疾病与药物

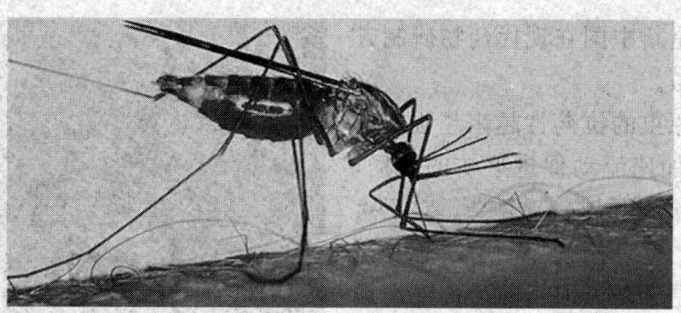
◆蚊子会将疟原虫传播给人

一些口水，防止血液凝结，疟原虫就通过蚊子的唾液进入人体。

人被蚊子咬了之后5～10分钟，疟原虫孢子就会到达肝脏，入侵肝细胞，在这里它们可以躲过人体免疫系统的攻击。孢子侵吞肝细胞的营养，大量地分裂繁殖，大概一个星期之后胀破肝细胞跑出来，将数以百万计的新孢子释放进入血液。新的孢子马上入侵红细胞，再次逃过免疫系统的追杀。它们以血红蛋白为食，不停地繁殖，大概两天后就开始破坏红细胞，产生更多的孢子入侵其他红细胞……用不了多久，2/3的红细胞都会被疟原虫占领。

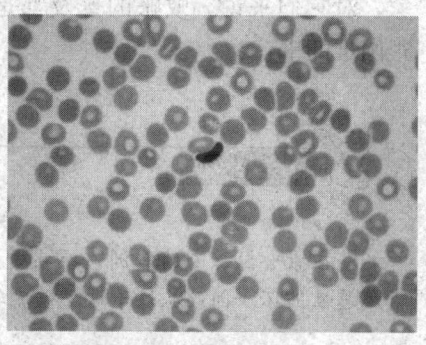
◆显微镜下被破坏的红细胞

疟原虫在血液里这种周期性的繁殖过程，会导致病人三天两头地发高烧、打寒战。

多样的治疗手段

古人不理解疟疾的发病机制，但在乞求神灵饶恕之外，倒也积累了一些有效的经验。在15世纪以前，秘鲁人就知道金鸡纳树树皮的抗疟作用，后来提纯成了奎宁（金鸡纳树树皮的有效成分）。中医使用青蒿治疗疟疾已有2000年历史。1971年中国科学家从青蒿中分离出抗疟有效成分青蒿

33

你所不知的基因密码

素，这是新中国在现代药物研制方面的骄傲。

疟原虫的抗药性越来越强、世界人口加速流动促进疟蚊的传播，正使疟疾问题越来越复杂。对于疾病来说，最理想的控制手段不是治疗，而是预防。但目前疟疾疫情最严重的国家正是世界最穷的那些国家，对它们来说，蚊帐的普及都是很困难的事。

◆青蒿素被认为是21世纪替代奎宁的最佳候选者

 小知识

在撒哈拉以南的非洲，疟疾是一大杀手。它带来巨大的经济负担，形成恶性循环。因此从蚊子这里彻底斩断传染链条，成了一种诱人的新设想。

 轶闻趣事——从基因入手

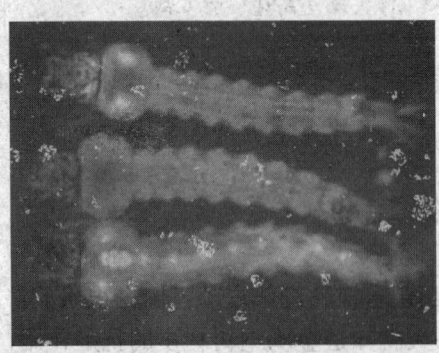

2000年6月，英国科学家宣布培育出世界第一种转基因蚊子，虽然移植的基因并不是抗疟基因，但这显示人们已经掌握了对蚊子进行转基因操作的技术。2002年10月，世界两大学术杂志《自然》和《科学》分别发表了疟原虫和冈比亚按蚊（疟疾的主要传播者）的基因组草图。这就加快了人们寻找疟疾相关基因的步伐。

◆基因改造蚊子有绿色荧光眼，与自然繁殖的蚊子不同

挑战病魔——疾病与药物

小小虱子酿大病

"对一个国家民族命运的影响力,长矛刀剑,弓箭机关枪,加上更具有破坏力的爆炸性武器,都比不上小小的虱子、蚊子和苍蝇。"这句话是免疫学家秦瑟说的。一点都不错,1494年法国士兵在意大利的战争中,死于一种"热病"的士兵远远多于在战斗中被杀死的士兵,这个热病就是斑疹伤寒。

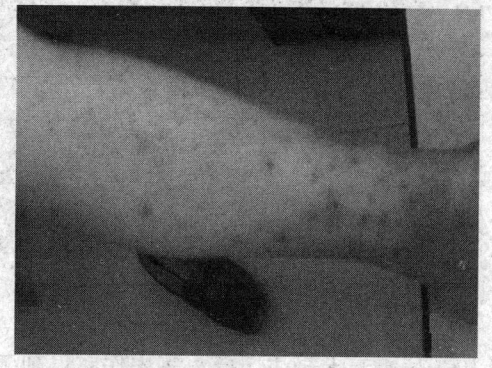
◆斑疹伤寒引起的皮疹

1577年,英国牛津一个叫罗兰兹·詹克斯的人在法庭受审。审判吸引了很多看热闹的人,法庭里非常拥挤,气味难闻。最后,罗兰兹被判有罪,惩罚是被割掉双耳。之后据说他又活了30多年。但看热闹的人却没这么好运,很多人发热,身上出现大量红点,然后死亡。这个病在牛津流行起来,最终导致500多人死亡,包括100

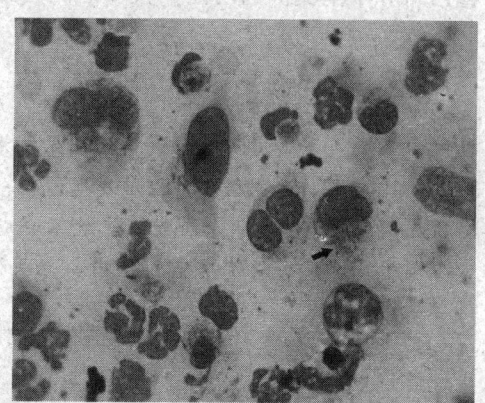
◆引起斑疹伤寒的立克次体

多名牛津大学的教工和学生,连法官本人都没有幸免。这个就是著名的"黑色法庭"。

后来,人们知道肇事者是"流行性斑疹伤寒",也叫"监狱热",是虱子传播的疾病,确切地说是通过虱子粪便传播的疾病。虱子不像跳蚤、蚊子,不会飞也不会跳,只会爬,一般寄生在人们的衣服缝里,喜欢羊毛和纯棉的内衣,在衣服缝隙里安家后,饿了就到人身上吸血,高兴了就在衣服缝里生孩子。如果被寄生者患有斑疹伤寒,那他身上的虱子也会因为消

你所不知的基因密码

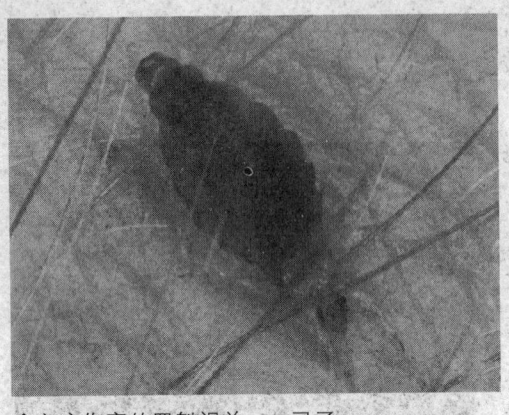

◆斑疹伤寒的罪魁祸首——虱子

化系统伤害而很快死亡。因此，斑疹伤寒往往发生在生活条件恶劣的地方，例如监狱、船舱，战争和饥荒也容易导致它的流行。

第一次世界大战期间，在欧洲有几百万人死于斑疹伤寒。1937年第一个斑疹伤寒疫苗面世，但真正能非常有效地控制这个疾病流行的办法是敌敌畏和喷药筒的发明与广泛应用，抗生素大量应用后，斑疹伤寒得到了有效的控制。尽管如此，现在在墨西哥和中南美洲的山区，很多亚洲国家，斑疹伤寒还有流行。

 历史趣闻

尼科尔的发现

1909年，法国医生尼科尔发现，在一个人住进医院或监狱前，把衣服脱光，洗澡，头发胡子剃光，他就不会成为斑疹伤寒的传染源。他由此而发现了虱子在疾病传播中的作用，并获得了1928年的诺贝尔生理学或医学奖。

 名人介绍——查尔斯·尼科尔

查尔斯·尼科尔是法国细菌学家，1928年诺贝尔生理学或医学奖得主。1866年9月21日出生于法国卢昂，其父是当地医院的医生。尼科尔在当地医学院学习3年后进入巴黎医院。1893年获得医学博士学位，后成为莫里斯细菌研究所所长。1903年任命为突尼斯巴斯德研究所所长，1932年当选为法兰西学院教授。在北非，在他的影响下，该研究所在突尼斯很快成为世界知名的研究中心。他发现当地城市中斑疹伤寒流行，但医院中却无人感染，医护人员天天接触

挑战病魔——疾病与药物

患者，医院又很拥挤，却没有斑疹伤寒传播。他忽然想到患者入院时都要彻底洗浴，换掉寄生着虱子的衣服。尼科尔判断衣虱一定是传播的媒介，而且通过实验证实了这一猜想。1909年发现后，他创造了基础防范这种疾病的预防方法，为此荣获1928年诺贝尔生理学或医学奖。

◆法国细菌学家查尔斯·尼科尔

"领先一步学科学"系列

你所不知的基因密码

肺结核有特效药

许多个世纪以来，它一直是人类的灾难。不过抗生素似乎征服了它。据资料介绍，自1882年科赫发现结核菌以来，迄今因结核病死亡人数已达2亿。而今日重提防治结核病，是因为最新资料表明，全世界结核患者死亡人数已由1990年的250万增至2000年的350万。75%

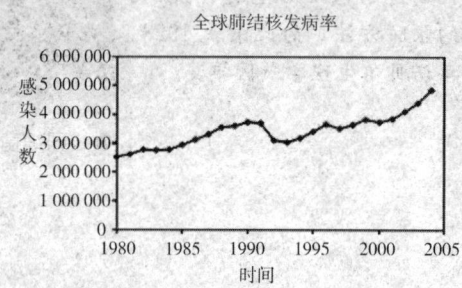

◆全球范围内，结核病发病呈上升趋势

的结核病死亡发生在最具生产力的年龄组（15～45岁），全球已有20亿人受到结核病感染，每年感染率为1%，即每年有约6 500万人受到结核病感染。

关于结核病的历史

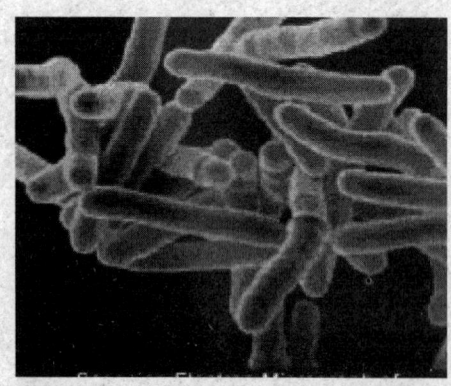

◆结核杆菌有一层蜡状的柔软外衣，保护它免受免疫系统的攻击

"面色苍白、身体消瘦、一阵阵撕心裂肺的咳嗽……"在19世纪的小说和戏剧中不乏这样的描写，而造成这些人如此状况的就是当时被称为"白色瘟疫"的肺结核，也即"痨病"。

1882年，德国科学家罗伯特·科赫宣布发现了结核杆菌，并将其分为人型、牛型、鸟型和鼠型4型，其中人型菌是人类结核病的主要病原体。肺结核就是主要由人型结核杆菌侵入肺脏后引起的一种具有强烈传染性的慢性消耗性疾病。科赫率先分离出炭疽杆菌、结核菌、霍乱弧菌，提出了科赫原则。因此他获得了1905年诺贝尔生理学或医学奖。

1945年，特效药链霉素的问世使肺结核不再是不治之症。此后，雷米封、利福平、乙胺丁醇

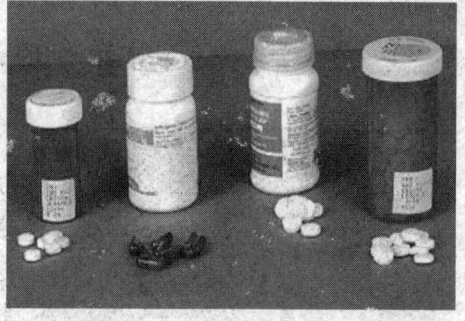

◆抗结核药，从左至右分别为：异烟肼，利福平，吡嗪酰胺，乙胺丁醇

等药物的相继合成，更令全球肺结核患者的人数大幅减少。在预防方面，主要以卡介苗（BCG）接种和化学预防为主。其中1951年异烟肼的问世，使化学药物预防获得成功。异烟肼的杀菌力强，不良反应少，且又经济，所以便于服用，服用6~12个月，10年内可减少发病50%~60%。

小贴士——肺结核的症状及传播途径

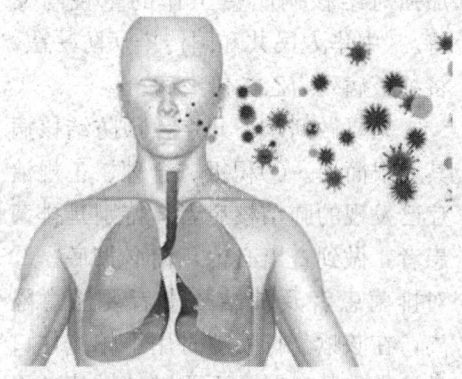

◆肺结核患者的唾沫带有结核杆菌

常见临床表现为咳嗽、咳痰、咯血、胸痛、发热、乏力、食欲减退等局部及全身症状。肺结核90%以上是通过呼吸道传染的，患者通过咳嗽、打喷嚏、高声喧哗等使带菌液体喷出体外，健康人吸入后就会被感染。

感染途径：主要是呼吸道，传染源喷出的带菌飞沫被吸入肺部而感染，少数可经消化道传染，如含菌的痰、奶、食物感染或肠道。肺结核主要是呼吸道方式传染的。结核杆菌侵入人体后是否发病，不仅取决于细菌的量和毒力，更主要取决于人体对结核杆菌的抵抗力（免疫力），在机体抵抗力（免疫力）低下的情况下，入侵的结核菌没有被机体防御系统消灭反而不断繁殖，引起结核病。

肺结核的诊断方法

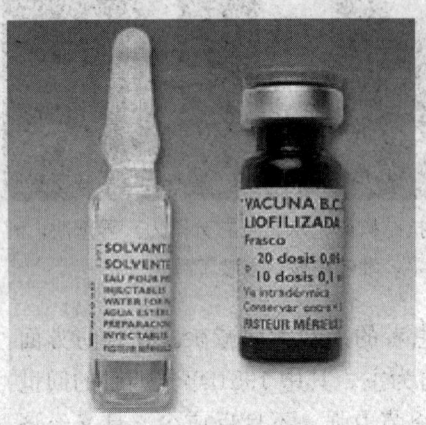

◆卡介苗是一种减毒的活菌疫苗,目的是用来预防结核病的发生,主张新生儿在还没有感染时接种

对肺结核的诊断通常主要是问病史,查体征,痰菌检查(涂片或培养),胸部X线检查(拍胸片或胸透),皮下结核菌素试验,以及其他特殊检查如免疫血清学、纤支镜活检与其他病理检查等。

肺结核诊断中一旦痰中查到结核菌即可定诊。但菌阴性的肺结核的确诊有时相当困难,其比例又占肺结核1/2或更高,故应更加重视。

1995年底,世界卫生组织将每年的3月24日规定为"世界防治结核病日",以纪念结核杆菌的发现者罗伯特·科赫,并进一步呼吁各国政府加强对结核病防治工作的重视与支持。《中华人民共和国传染病防法法》将结核病列为乙类传染病。

只要做到以下几点,预防结核病其实很简单。①积极、合理、正规治疗已发现的肺结核患者,特别是排菌患者,做到查出必治,治必彻底;②对排菌患者及肺结核患者要注意隔离,在咳嗽、打喷嚏时用手帕掩住口鼻,外出戴口罩,不要随地吐痰,不和儿童亲近,室内经常开窗通风,勤晒被褥,碗筷要经常煮沸消毒等;③

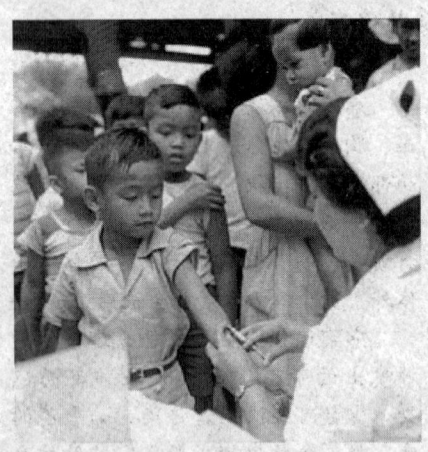

◆卡介苗曾经挽救了许多人的生命,图为医护人员在菲律宾给儿童接种卡介苗

接种卡介苗:卡介苗是一种消毒活菌苗,人体接种卡介苗就如同受到结核菌初次感染一样,会对结核菌产生特异性免疫力,这种免疫力可抵御外来

挑战病魔——疾病与药物

结核菌的感染，预防结核病的发生。

 名人介绍——罗伯特·科赫

罗伯特·科赫1843年12月出生于德国。在科赫7岁那年，克劳斯特尔城的一位牧师因病去世，小科赫向前往哀悼的母亲提出了一连串的问题："牧师得了什么病？""难道绝症就治不好吗？"母亲无法回答小科赫的提问。这件事在年幼的科赫心中留下了深刻的印象，并使他立志将来献身于征服病魔的医学事业，治好母亲认为是无法医治的绝症。正是凭着这股开拓志向，科赫在病原细菌学方面做出了非凡的贡献。罗伯特·科赫对医学事业所做出的开拓性贡献，使科赫成为在世界医学领域中令德国人骄傲无比的泰斗巨匠。

◆德国细菌学家罗伯特·科赫

领先一步学科学 系列

41

 你所不知的基因密码

沃伦和马歇尔发现幽门螺杆菌

十多年前,澳大利亚有两位勇敢的医生——沃伦与马歇尔,亲自吞下一种细菌,从而证实了该菌可以引起胃炎、胃溃疡。这种细菌通常居住在胃内幽门附近,外型呈螺旋形.因此被称为幽门螺杆菌。但是,这两位志愿者的新发现当初并没有得到医学界的支持。因为胃溃疡的病因似乎早有定论,即由胃酸分泌过多所致。既然已有"完美"的解释,何必又"画蛇添足"呢?但是,以后大量的研究均证实,这两位医生自吞细菌的实验并非是自讨苦吃,他们为医学做出了卓著的贡献,"胃病"可由幽门螺杆菌引起。随后,幽门螺杆菌简直就像被炒热的"股票",细菌与胃病的关系成了人们的热门话题。

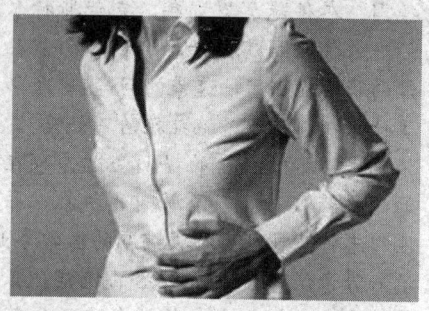
◆胃痛,可能是幽门螺杆菌在作怪

幽门螺杆菌长什么样?

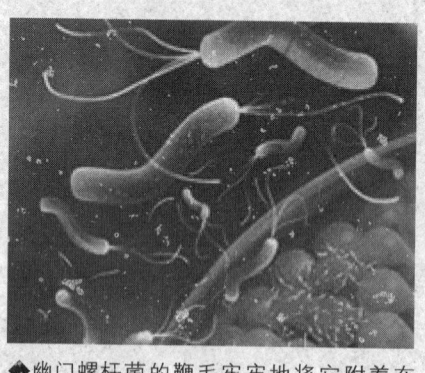
◆幽门螺杆菌的鞭毛牢牢地将它附着在胃部

幽门螺杆菌是一种单极、多鞭毛、末端钝圆、螺旋形弯曲的细菌。长2.5～4.0微米,宽0.5～1.0微米。革兰染色阴性。有动力。在胃黏膜上皮细胞表面常呈典型的螺旋状或弧形。在固体培养基上生长时,除典型的形态外,有时可出现杆状或圆球状。

电子显微镜下,菌体的一端可伸出2～6条带鞘的鞭毛。在分裂时两

挑战病魔——疾病与药物

端均可见鞭毛。鞭毛长约为菌体的1～1.5倍，粗约为30纳米。鞭毛的顶端有时可见一球状物，是鞘的延伸物。每一鞭毛根部均可见一个圆球状根基伸入菌体顶端细胞壁内侧。在其内侧尚有一电子密度降低区域。鞭毛在运动中起推进器作用，在定居过程中起抛锚作用。

幽门螺杆菌是微需氧菌，环境氧要求5%～8%，在大气或绝对厌氧环境下不能生长。许多固体培养基可作幽门螺杆菌分离培养的基础培养基，布氏琼脂使用较多，但需加用适量全血或胎牛血清作为补充物方能生长。常以万古霉素、TMP、两性霉素B等组成抑菌剂防止杂菌生长。

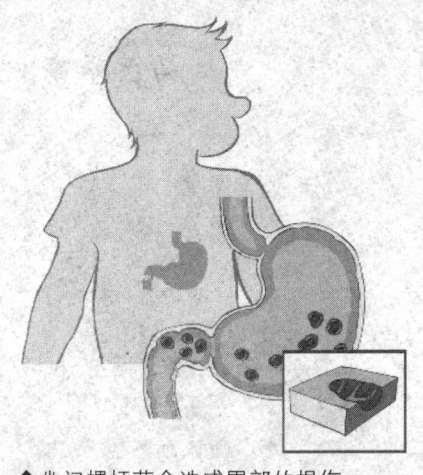

◆幽门螺杆菌会造成胃部的损伤

 链接——慢性胃病的元凶

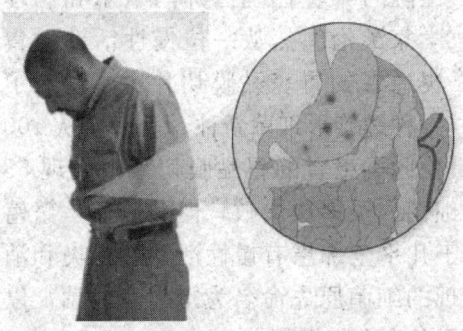

◆幽门螺杆菌侵犯胃部，导致胃炎

大量研究表明，超过90%的十二指肠溃疡和80%左右的胃溃疡，都是由幽门螺杆菌感染所导致的。目前，消化科医生已经可以通过内镜检查和呼气试验等诊断幽门螺杆菌感染。抗生素的治疗方法已被证明能够根治胃溃疡等疾病。幽门螺杆菌及其作用的发现，打破了当时已经流行多年的人们对胃炎和消化性溃疡发病机理的错误认识，被誉为是消化病学研究领域的里程碑式的革命。由于发现了幽门螺杆菌，溃疡病从原先难以治愈反复发作的慢性病，变成了一种采用短疗程的抗生素和抑酸剂就可治愈的疾病，大幅度提高了胃溃疡等患者获得彻底治愈的机会，为改善人类生活质量做出了贡献。

"领先一步学科学"系列

43

为医学事业献身的两位医生

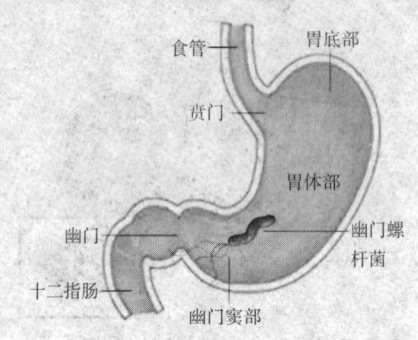

◆幽门螺杆菌寄居在人体的胃部

◆马歇尔和沃伦接受诺贝尔奖颁奖现场

消化性溃疡,包括胃溃疡和十二指肠溃疡,是一种常见的遍布世界的慢性消化系统疾病。它们的发生一向被认为是攻击因子如胃酸和胃蛋白酶与胃黏膜保护机制之间的不平衡所致。"无酸则无溃疡",成为将近一个世纪以来西方医学界制服溃疡的指导思想和治疗原则。在溃疡研究上,中心方向也是以发展能够抑制胃酸分泌的药物为目标。但是单纯抑制胃酸分泌的治疗,其复发率可高达100%。这说明根治溃疡病问题还远未解决。

1982年4月,西澳大利亚皇家医院的年轻住院医师马歇尔和病理学家沃伦偶然从一位慢性活动性胃炎患者的胃窦黏膜切片中,发现了一种螺旋形细菌新种。后来又从100位同类患者的胃黏膜切片中发现58位有这种细菌。他们试图培养这种细菌,虽多次失败,但最后还是繁殖成功。他们观察到,这种细菌存在于几乎全部患有慢性活动性胃炎和消化性溃疡患者的胃壁中。这种新发现的细菌原先命名为幽门弯曲菌,以后根据其形态、生化等特点,正式更名为幽门螺杆菌。

关于细菌产生溃疡的观点,其实早有报道。早在1892年就有人提出在胃内存在有螺旋形细菌,但在用胃组织进行细菌培养的尝试中都失败了,曾被认为是活组织在检查时被污染所致。通常认为,由于胃内的酸度、黏液层以及其他因素的作用,胃内不适合细菌生长。所以马歇尔等的上述工作,一开始就遇到很大的阻力。他们提出的论文,权威的《英国医学杂

挑战病魔——疾病与药物

志》没有接受。1983年9月在比利时召开的微生物学学术会议中,大多数与会者都不相信他们的发现。这使马歇尔受到很大打击。他决心在自己身上做试验。他将幽门螺杆菌混在肉汤中喝进自己肚里,72小时后,他感到胃痛、呕吐、睡不着觉。他终于体验到急性胃病患者的痛苦心情。几天后,他将铋剂(文献上早有报道用铋制剂来治疗胃溃疡)和抗生素合用,治好自己的胃痛。这一病例经胃窦组织活检,被确定为胃炎。

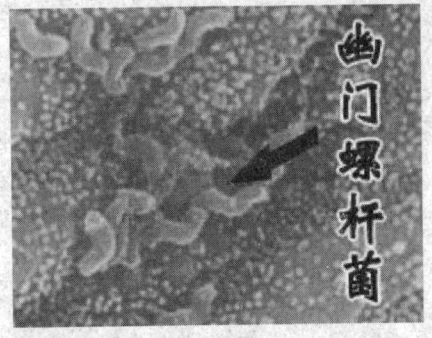

◆电子显微镜下看见的幽门螺杆菌

近年来,幽门螺杆菌的研究已成为国际上医药卫生界的一个热门课题,美国国立卫生研究院(NIH)还于1994年2月召开了专家小组会议,高度评价了马歇尔等的重要发现,对幽门螺杆菌在消化性溃疡中的作用形成了一致意见,明确了幽门螺杆菌的感染与消化性溃疡密切相关,并与胃癌也有关联,从而把治疗溃疡疾病的战略由制酸转变为根除幽门螺杆菌的感染。现在已有人提出:"无幽门螺杆菌的感染则无溃疡。"这真是一次革命性变化。马歇尔的星星之火,已形成了燎原之势!有鉴于此,马歇尔和沃伦两位科学家荣获了2005年诺贝尔生理学或医学奖。

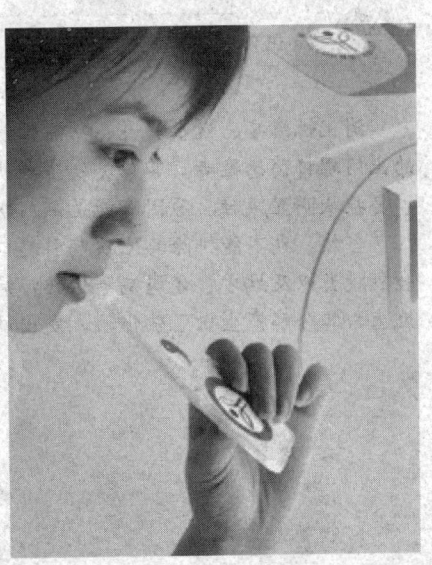

◆幽门螺杆菌的检测越来越方便,只需呼一口气就可知道你的胃里是否有病菌存在

你所不知的基因密码

小知识

　　幽门螺杆菌是人类最常见的慢性感染细菌之一，这在所有年龄群中已得到证实。并引起了社会的普遍重视。人们已研究出一整套防治方法：根治感染，消灭传染源，斩断传播途径，有效地将幽门螺杆菌感染控制到最低水平。

知识库——口气重可能是感染幽门螺杆菌

　　消化性溃疡、慢性胃炎、功能性消化不良等，都可能伴有口臭。许多胃疾病的幽门螺杆菌感染者，其口臭发生率明显高于未感染者，而根治幽门螺杆菌后，口臭症状明显减轻。原因可能是幽门螺杆菌感染直接产生硫化物，引起口臭。

　　当然，也不能排除其他疾病引起口臭，例如患有龋齿、牙龈炎、牙周炎、口腔黏膜炎以及蛀牙、牙周病等口腔疾病的人，其口腔内容易滋生细菌，尤其是厌氧菌，其分解产生出了硫化物，发出腐败的味道而产生口臭。

挑战病魔——疾病与药物

维生素发现之旅

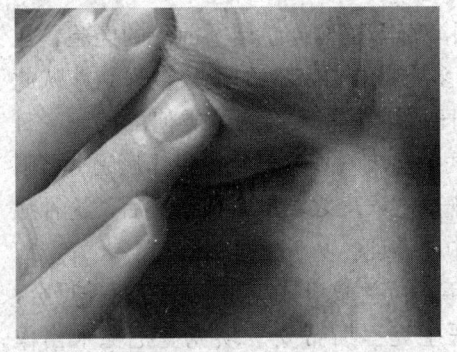

◆缺少维生素，各种疾病就随之而来

维生素（vitamin）又名维他命，是维持人体生命活动必需的一类有机物质，也是保持人体健康的重要活性物质。维生素在体内的含量很少，但在人体生长、代谢、发育过程中却发挥着重要的作用。人体一旦缺乏维生素，相应的代谢反应就会出现问题，从而产生维生素缺乏症。缺乏维生素会让我们的机体代谢失去平衡，免疫力下降，各种细菌、病毒就会趁虚而入。

维生素的发现之旅

1519年，葡萄牙航海家麦哲伦率领的远洋船队从南美洲东岸向太平洋进发。3个月后，有的船员牙床破了，有的船员流鼻血，有的船员浑身无力，待船到达目的地时，原来的200多人，活下来的只有35人，人们对此找不出原因。1734年，在开往格陵兰的海船上，有一个船员得了严重的坏血病，当时这种病无法医治，其他船员只好把他抛弃在一个荒岛上。待他苏醒过来，他用野草充饥，几天后他的坏血病竟不治而愈了。而此类坏血病，曾夺去了

◆葡萄牙航海家麦哲伦

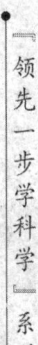

47

你所不知的基因密码

◆维生素目前有几十多种，以英文字母命名，字母没有特别的含义，只是为了方便记忆

几十万英国水手的生命。1747年英国海军军医林德总结了前人的经验，建议海军和远征船队的船员在远航时要多吃些柠檬，他的建议被采纳，从此未曾发生过坏血病。100年以后，在日本海军中又遇到了类似的问题。日本水兵经常得一种叫做"脚气"的怪病。患脚气病的人觉得身体疲乏、胳膊和腿像瘫了似的，最后导致死亡，后来改吃大麦之类的其他粮食后，这种症状就缓解了，但那时还没有人知道其中的道理。

直到19世纪80年代，在1886年，荷兰政府成立了一个专门委员会，开展研究防治脚气病的工作。荷兰医生克里斯蒂安·埃克曼把糙米当作"药"，医好了得脚气病的人。

随着时间的推移，越来越多的维生素种类被人们认识和发现，维生素成了一个大家族。为便于记忆，人们把维生素按A、B、C的顺序排列起来，一直排列到L、P、U，有几十种。

 追忆历史

维生素的发现

1912年，三位日本化学家和一位荷兰化学家分别用不同的方法从谷皮中提取出了一种白色的结晶体，这就是维生素B_1。当年林德医生发现的果汁里存在的能防治坏血病的物质便是维生素C（又称抗坏血酸）。

 链接：必不可少的维生素

维生素是人体代谢中必不可少的有机化合物。人体有如一座极为复杂的化工挑战病魔——疾病与药物

厂，不断地进行着各种生化反应，其反应与酶的催化作用有密切关系。酶要产生活性，必须有辅酶参与，已知许多维生素是酶的辅酶或者是辅酶的组成分子。因此，维生素是维持和调节机体正常代谢的重要物质。可以认为，维生素是以"生物活性物质"的形式，存在于人体组织中。

艾克曼与脚气病

艾克曼年轻时在印度尼西亚当过军医，后来因患疟疾而退役。退役后，他为了搞清楚自己患疟疾的病因，去德国留学，投奔著名微生物学家科赫博士门下攻读细菌学。当时东南亚各国流行脚气病，荷兰政府认为是细菌引起的，因此派了一个脚气菌调查团去印度尼西亚。艾克曼作为助手参加了这项工作，并留在当地继续从事这项研究。

1896年，艾克曼发现了一个有趣的现象：这里不仅人会生脚气病，就是家养的鸡也有生脚气病的。艾克曼决定用鸡来做实验，探索脚气病的病理。起先，艾克曼仍把着眼点放在对"脚气病病菌"的搜寻上。他把病鸡的脚和内脏做成各种切片，在显微镜

◆1929年，由于艾克曼最先发现了维生素，荣获了当年度的诺贝尔生理学或医学奖

下观察，又把喂鸡的食料作了严格的消毒，甚至还精心设计了新的环境良好的鸡舍。令人沮丧的是，鸡照样生脚气病。在他特意建立的养鸡场里，鸡常常一批一批地死去。一天，养鸡场的饲养员生病了，新来了一个饲养员代替他。奇怪的事情发生了：在新来的饲养员饲养下，一群病鸡慢慢地恢复了健康。这是怎么一回事呢？艾克曼百思不得其解。过了3个月，原来的饲养员病好了，回到了饲养场里。更奇怪的事情发生了：鸡又开始生起脚气病来了。这一下，艾克曼豁然开窍：问题一定出在饲养员身上。

"领先一步学科学"系列

你所不知的基因密码

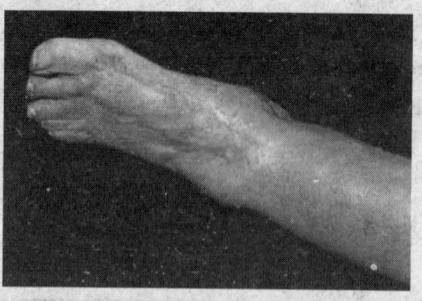

◆维生素 B_1 缺乏会引起脚气病，以多发性神经炎、肌肉萎缩、组织水肿为特点

◆主食加些粗粮可以预防脚气病

经过调查后，艾克曼明白了其中的奥秘。原来，原先那个饲养员是个节俭的人，总是用食堂里吃剩下来的白米饭喂鸡；而那个临时代替他的饲养员可不愿意花费时间去收集这些剩饭，他用米糠喂鸡。于是，艾克曼连忙做了这样的试验：他买了一批健康的鸡，一半用白米饭喂养，一半用米糠喂养。结果发现，用白米饭喂养的鸡，很快就生脚气病了；而用米糠喂养的，却一直很健康。

"毫无疑问，脚气病一定和食物有关。"艾克曼恍然大悟。他断定，米糠中一定有一种物质可以治愈可怕的脚气病。他喝了一些米糠浸泡出来的水，自己的脚气病竟然好了。给其他患者喝，也如仙丹一样，药到病除。艾克曼又把米糠浸泡出来的水用一种薄膜过滤，发现滤液也能治病。于是他认定，那奇特的物质不但可溶于水，而且是小分子，因为大分子不能透过薄膜。

10年以后，波兰化学家弗克，日本生化学家铃木、岛村和大岳，分别用不同的方法从米糠中获得了这种犹如仙丹的奇特物质——一种白色的结晶体。由于它是"维持生命必不可少的要素"，人们称它为"维生素"。1929年，由于艾克曼最先发现了维生素，荣获了当年度的诺贝尔生理学或医学奖。

知识库——维生素B族

后来，科学家们又发现了和这种维生素相似而功用不同的维生素，把它们归为一类，称做维生素B族。按发现的先后，又把这一族里的各个成员用阿拉伯数字作标记，分别称作B_1、B_2……B_{17}。前面说的治脚气病的维生素，因它是最先发现的，所以就称作维生素B_1了。

名人介绍——分享1929诺贝尔奖的霍普金斯

霍普金斯从小失去了父亲，高中一毕业就参加了工作。他经常变换工作。有一次，他的新单位是一家化验公司。出于工作需要，他上夜大学学习有关专业，毕业后当了医院的化验助手。在医院里，为了工作，他深感取得医师资格的重要性，于是在28岁的"高龄"再次进医科大学学习，终于成为一名合格的医生。

也许是艰苦的生活给他的一种回报，他对营养学产生了兴趣。他充分利用自己当医生前做实验助手掌握的技术，查明了动物仅靠三大营养素是不能生存的，还必须有一些微量元素的补充。他发现用合成饲料喂养的白鼠体重减轻，但在饲料中加上牛奶，老鼠的体重便有所恢复。铃木梅太郎博士等其他研究人员也

◆获得1929年诺贝尔生理学或医学奖的英国生物化学家霍普金斯

得到了与此相同的研究结果，只不过霍普金斯博士的研究是为了营养学，而铃木梅太郎等的研究仅仅是为了找到治疗脚气病的物质。1929年，霍氏与艾克曼博士共获诺贝尔生理学或医学奖。

少不了的维生素K

亨利克·达姆，丹麦生物化学家。1895年2月21日生于哥本哈根。1934年达姆取得哥本哈根大学的博士学位。他在1925年就在奥地利师从普莱格尔学习过，又于20世纪30年代初于德国在舍恩海默指导下学习过。取得学位后，达姆于1935年在瑞士和卡勒一起工作。达姆从1923年起在

你所不知的基因密码

◆亨利克·达姆和多伊西共同获得了1943年的诺贝尔生理学或医学奖

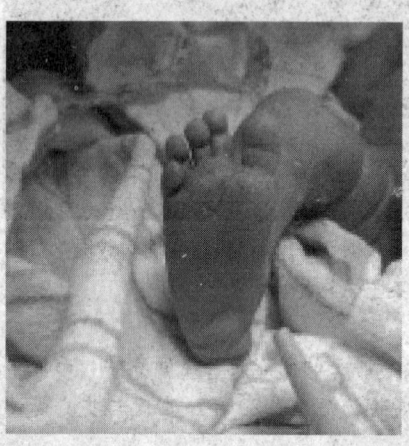

◆由于缺乏维生素K婴幼儿出现足底皮下出血

哥本哈根大学任教,并于1929年晋升为教授。1929年他研究母鸡是如何合成胆固醇的问题。在实验中,他用合成的食物来喂养母鸡,在这种条件下,母鸡的皮下和肌肉内出现了细小的出血点。

这种出血现象似乎表明母鸡得了坏血病,因此他在食料中添加了柠檬汁,他所采用的这种治疗方法,是一个半世纪前由林德首先提出的。但这无济于事。于是,达姆试用别的食物添加剂,他把各种维生素分别加入食料中,这些维生素自从艾克曼时代以来,已被发现是食物中营养素的重要成分,结果毫无作用,因此他不得不得出这样的结论:还有一种迄今未知的维生素。因为这种维生素似乎是血液凝结所必需的,所以他称为"维生素K",之所以这样命名,是由于在德文中"凝结"一词的拼法为"Koagulation"。几年内,若干生物化学家特别是由多伊西领导的那个小组,分离出了维生素K，并且确定了它的化学式。在外科手术中，施用维生素K可以减少出血量。而新生婴儿如果缺少维生素K，就会有出血的危险。不过，这类婴儿的肠道内很快被细菌侵入，在细菌本身的新陈代谢过程中会产生维生素K，于是维生素K就会被婴儿吸收和利用。在细菌侵入婴儿肠道，从而对缺乏维生素K的状况进行修正之前，婴儿处于危险时期，而在现代化的无菌医院里，就会使这种危险期延长。因此，通常一种明智的考虑是，在婴儿出生前不久，对母亲作维生素K的注射。

 知识库——维生素K

维生素K是黄色晶体，不溶于水，能溶于醚等有机溶剂。维生素K化学性质较稳定，能耐热耐酸，但易被碱和紫外线分解。它在人体内能促使血液凝固。人体缺少它，凝血时间延长，严重者会流血不止，甚至死亡。奇怪的是人的肠中有一种细菌会为人体源源不断地制造维生素K，加上在猪肝、鸡蛋、蔬菜中含量较丰，因此一般人不会缺乏。

 想一想

在正常饮食之外需要补充维生素药片吗？

通常来讲，只要食物结构达到平衡，不必额外补充。但如偏食的儿童，不吃早餐的人，饮食不规律的成年人、减肥者、素食者，营养需要大增的孕妇、患病者，饮食受限的老年人、食物过精过细的人、从不关心食谱的人等，补充适当剂量的维生素是有益的。

多种多样的维生素

下面介绍几种常见的维生素，当然除了常见的这几种外，还有维生素H、维生素P、维生素PP、维生素M、维生素T、维生素U等，它们都是人体不可缺少的元素。

 你所不知的基因密码

维生素A

维生素A是1913年美国化学家台维斯从鳕鱼肝中提取得到的。它是黄色粉末，不溶于水，易溶于脂肪、油等有机溶剂。化学性质比较稳定，但易为紫外线破坏，应贮存在棕色瓶中。维生素A是眼睛中视紫质的原料，也是皮肤组织必需的材料，人缺少它会得干眼病、夜盲症等。动物肝中含维生素A特别多，其次是奶油和鸡蛋等。

◆维生素A对长时间注视电脑屏幕的人来说是重要的营养素

维生素B_1

维生素B_1是最早被人们提纯的维生素，1896年荷兰科学家伊克曼首先发现，1910年为波兰化学家丰克从米糠中提取和提纯。它是白色粉末，易溶于水，遇碱性容易分解。它的生理功能是能增进食欲，维持神经正常活动等，缺少它会得脚气病、神经性皮炎等。它广泛存在于米糠、蛋黄、牛奶、番茄等食物中，目前已能由人工合成。

◆谷类食物碾磨得越精细，维生素B_1含量就越少

维生素B_2

维生素B_2又名核黄素。1879年英国化学家布鲁斯首先从乳清中发现，1933年美国化学家哥尔贝格从牛奶中提取，1935年德国化学家柯恩合成了它。维生素B_2是橙黄色针状晶体，味微苦，水溶液有黄绿色荧光，在碱性或光照条件下极易分解。人体缺少它易患口腔炎、皮炎、微血管增生症等。它大量存在于谷物、蔬菜、牛乳和鱼等食品中。

挑战病魔——疾病与药物

◆维生素 B_2 存在于谷物、蔬菜、牛乳和鱼等食品中；肝、瘦肉、鱼、牛奶及鸡蛋是维生素 B_{12} 的来源

维生素 B_{12}

1947 年美国女科学家肖波在牛肝浸液中发现维生素 B_{12}，后经化学家分析，它是一种含钴的有机化合物，是维生素中唯一含有金属元素的。维生素 B_{12} 是粉红色结晶，水溶液在弱酸中相当稳定。缺少它会产生恶性贫血症。肝、瘦肉、鱼、牛奶及鸡蛋是人类获得维生素 B_{12} 的来源。

维生素 C

1907 年挪威化学家霍尔斯特在柠檬汁中发现，1934 年才获得纯品，现已可人工合成。维生素 C 是最不稳定的一种维生素，由于它容易被氧化，在食物贮藏或烹调过程中，甚至切碎新鲜蔬菜时维生素 C 都能被破坏。微量的铜、铁离子可加快破坏的速度。因此，只有新鲜的蔬菜、水果或生拌菜才是维生素 C 的丰富来源。它是无色晶体，易溶于水，水溶液呈酸性，化学性质较活泼，遇热、碱和重金属离子容易分解，所以炒菜不可以用铜锅和加热过久。人、灵长类及豚鼠不

◆新鲜的蔬菜、水果或生拌菜才是维生素 C 的丰富来源

你所不知的基因密码

能合成维生素C，故必须从食物中摄取，如果在食物中缺乏维生素C时，则会发生坏血病。在各种蔬菜、水果里含有丰富的维生素C。

维生素D

维生素D于1926年由化学家卡尔首先从鱼肝油中提取。它是淡黄色晶体，熔点115℃～118℃，不溶于水，能够溶于醚等有机溶剂，含维生素D的药剂均应保存在棕色瓶中。维生素D的生理功能是帮助人体吸收磷和钙，是造骨的必需原料，因此缺少维生素D会得佝偻症。在鱼肝油、动物肝、蛋黄中它的含量较丰富。

> 人体中维生素D的合成跟晒太阳有关，因此适当地进行光照有利健康。

想一想——如何减少维生素C的丢失？

◆如何减少维生素C的丢失

现在的各种烹调方法和食物的储存方法都有可能导致维生素损失，而且损失量很大。损失情况低的可以到30%～40%，高的甚至到90%以上。例如维生素C是水溶性的成分，所以在洗菜时很容易丢失；维生素C怕高温，烹调时温度过高或加热时间过长，例如炖菜、砂锅煨等，蔬菜中维生素C会大量破坏；维生素C还容易被空气中的氧气氧化，蔬菜、水果存放的时间越长，维生素C受到损失就越大。所以我们应该吃新鲜、略带生的蔬菜，以及多吃新鲜水果。

挑战病魔——疾病与药物

布鲁西姆发现朊蛋白

1997年，美国科学家布鲁西纳发现了一种全新的蛋白致病因子——朊蛋白（PRION），并在其致病机制的研究方面做出了杰出的贡献。

人们对朊蛋白或许比较陌生，但说到疯牛病，几乎就无人不知、无人不晓了。作为疯牛病的病原体，朊蛋白真的算得上是一个"明星分子"：从18世纪的羊瘙痒病，到1992年大规模蔓延的疯牛病，以致人们"谈牛色变"；从1957年在新几内亚土著居民身上发现的库鲁病到英国克－雅病患者的死亡，众多科学家为朊蛋白的研究付出了不懈的努力，

◆疯牛病曾让人"谈牛色变"

两位美国科学家布卢姆伯格和伽杜塞克也因此而获得了1976年的诺贝尔生理学或医学奖，朊蛋白的研究取得了长足的进展，但许多问题仍然悬而未决。

什么是朊蛋白？

1997年的诺贝尔生理学或医学奖，授予与朊蛋白相关的研究。这种蛋白被发现和疯牛病（牛海绵状脑病）以及人类克-雅病有明显的联系。

什么是朊蛋白呢？已知朊蛋白并非病毒，也不是类病毒，而是一种特殊的具有传染性质的蛋白质。朊蛋白原本是人体内正常存在于中枢神经系统细胞膜表面的糖

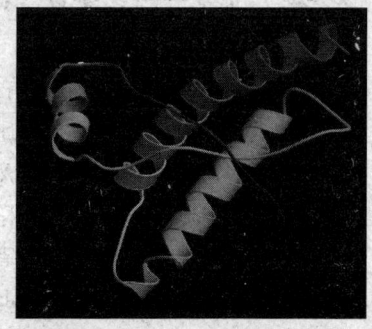

◆朊蛋白示意图

"领先一步学科学"系列

57

你所不知的基因密码

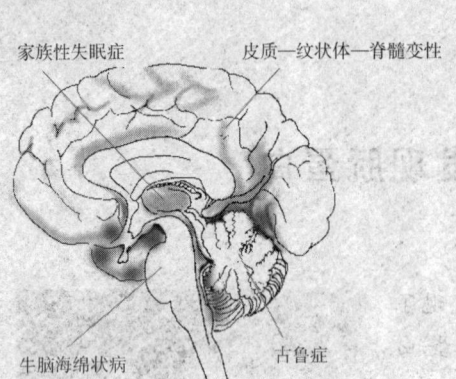

◆各种朊蛋白病患者脑中的发生部位

蛋白，但其一旦发生构型上的变异而形成稳定的线状结构，即成为可致病的朊病毒，导致包括疯牛病在内的神经退行性疾病。朊蛋白病是一类具有传染性朊蛋白导致的散发性中枢神经系统变性疾病。动物朊蛋白病包括羊瘙痒病、传染性水貂脑病、麋鹿和骡鹿慢性消耗病和牛海绵状脑病等。已知人类朊蛋白病主要是克-雅病（皮质—纹状体—脊髓变性）、致死性家族性失眠症、无特征性病理改变的朊蛋白痴呆和朊蛋白痴呆伴痉挛性截瘫等。这类疾病特征性病理改变是脑海绵状变性，故又称为海绵状脑病。

 科技文件夹

人类朊蛋白病大约有15％患者为遗传性，均有常染色体显性遗传，遗传性患者家族中均有朊蛋白基因的突变，遇到外来致病因子时约半数的人可发病，其潜伏期长短与接触治病因子的量及不同构型的毒株有关。

 广角镜——朊蛋白"插足"老年痴呆

β-淀粉样蛋白大量堆积在患有阿尔茨海默病的患者脑部，造成对大脑功能的损害。但是，尽管已经建立有多种理论以解释β-淀粉样蛋白是如何引起神经元死亡的，但是它的直接分子受体仍然是一个谜。2009年，耶鲁大学药学院的神经学教授发现，β-淀粉样蛋白的受体之一就是朊蛋白。β-淀粉样蛋白需要朊蛋白才能干扰神经元的工作。这项研究结果至少为治疗阿尔茨海默病开辟了两条新的路径：要么直接以朊蛋白为靶位阻止其与β-淀粉样蛋白的绑定，要么阻止朊蛋白的下游序列和β-淀粉样蛋白的结合。

挑战病魔——疾病与药物

朊病毒的发现

早在 300 年前，人们已经注意到在绵羊和山羊身上患有的"羊瘙痒症"，其症状表现为：丧失协调性、站立不稳、烦躁不安、奇痒难熬，直至瘫痪死亡。20 世纪 60 年代，英国生物学家阿尔卑斯用放射处理破坏 DNA 和 RNA 后，其组织仍具感染性，因而认为"羊瘙痒症"的致病因子并非核酸，而可能是蛋白质。由于这种推断不符合当时的一般认识，也缺乏有力的实验支持，因而没有得到认同，甚至被视为异端邪说。1947 年发现水貂脑软化病，其症状与"羊瘙痒症"相似。以后又陆续发现了马鹿和鹿的慢性消瘦病（萎缩病）、猫的海绵状脑病。最为震惊的当首推 1996 年春天"疯牛病"在英国以至于全世界引起的一场空前的恐慌，甚至引发了政治与经济的动荡，一时间人们"谈牛色变"。

1997 年，诺贝尔生理学或医学奖授予了美国生物化学家斯坦利·布鲁希纳，因为他发现了一种新型的生物——朊病毒。"朊病毒"最早是由美

◆患有"羊瘙痒症"的羊

◆布鲁希纳在他的实验室里

国加州大学布鲁希纳等提出的，在此之前，它曾经有过许多不同的名称，如非寻常病毒、慢病毒、传染性大脑样变等，多年来的大量实验研究表明，它是一组至今不能查到任何核酸、对各种理化作用具有很强抵抗力、传染性极强、分子量在 2.7 万～3 万的蛋白质颗粒，它是能在人和动物中

 你所不知的基因密码

引起可传染性脑病（TSE）的一个特殊的病因。

 点击

  过去五十年也只有十人享有单人获得诺贝尔生理学或医学奖的殊荣，这更显示出布鲁希纳的卓越的贡献。布鲁希纳是美国加州大学旧金山分校生物化学教授，从事生化、神经和病毒的研究工作。

 小知识——人类和疯牛病

◆带有疯牛病病毒的牛肉不可以食用

  在全球范围内都发现过克-雅症（疯牛病）患者，平均每100万人中每年出现一个病例。这种病一般有几十年的潜伏期，患者最终发病的年龄往往在50～60岁之间。一旦发病，病情发展极快，患者的思维、视觉、语言和行动能力都急剧下降。更为严重的是，现有医疗技术在患者生前无法确诊该病，只有在患者死后用显微镜观察其脑组织切片才能找到死因。

  引发海绵形脑病的物质对加热、紫外线、辐射和许多化学消毒剂有极强的抵抗能力，所以常用的食品加工工艺如烹调、巴氏灭菌法、冷冻、曝晒和腌渍都不能消灭它。因此，人类可因食用"疯牛肉"而感染疯牛病。

挑战病魔——疾病与药物

班丁和麦克劳德发现胰岛素

糖尿病,是一种历史悠久的富贵疾病。它折磨着糖尿病患者的肉体和灵魂。直到胰岛素的出现,彻底给糖尿病患者带去了提高生活质量的希望。因此,每年的11月4日被确定为"世界糖尿病日",以纪念诺贝尔桂冠得主班丁医师对胰岛素发明及应用的里程碑式的贡献。下面,我们一同回顾一下这一重大发明!

◆11月4日为"世界糖尿病日"

胰岛素的发明

◆1923年,班丁和麦克劳德就因为发现胰岛素和使用胰岛素治疗糖尿病而荣获了诺贝尔生理学或医学奖

"领先一步学科学"系列

你所不知的基因密码

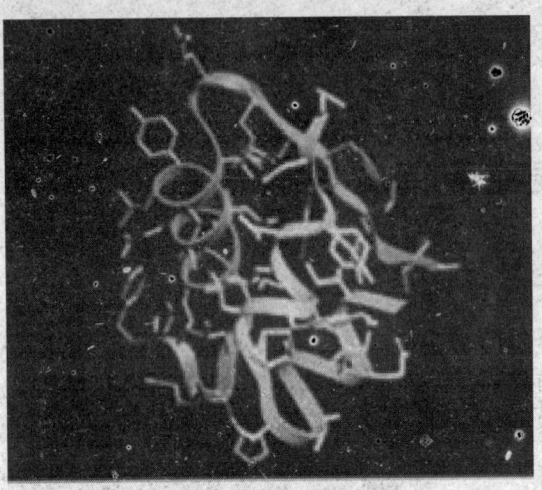

◆我国合成的牛胰岛素的结构图

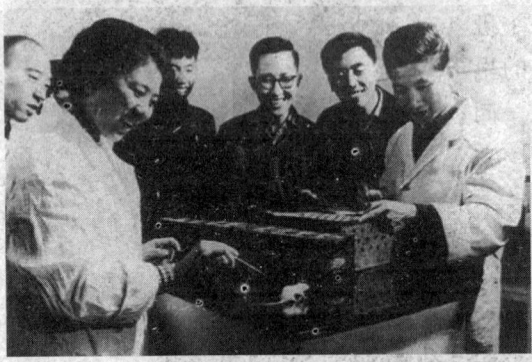

◆1965年8月3日，我国首次人工合成结晶牛胰岛素

距今约90年前（1921年）的夏天，一位年轻的外科医生班丁与一位刚出校门的助理贝斯特在多伦多大学生理学教授麦克劳德的实验室进行研究。他俩发现胰脏的萃取液可以降低糖尿病狗的高血糖，以及改善其他的糖尿病症状。接下来的1年内，多伦多大学的团队发展出初步纯化胰脏萃取物的方法，并进行临床试验。他们将其中的有效物质定名为胰岛素。

为了解决量产与杂质的问题，他们与美国的礼来药厂合作，成功地从屠宰场取得的动物胰脏中分离出足以提供全球糖尿病患者使用的胰岛素。在不到两年的时间内，胰岛素已在世界各地的医院使用，取得空前的成效。1923年10月，瑞典的卡罗琳医学院决定将该年的诺贝尔生理学或医学奖颁给班丁及麦克劳德两人。班丁得知消息后，马上宣布将自己的奖金与贝斯特平分；稍晚，麦克劳德也宣布将奖金与另一位参与研究的生化学者柯利普共享。

1965年9月17日，中国科学院生物化学研究所等单位经过6年多的艰苦工作，第一次用人工方法合成了一种具有生物活力的蛋白质——结晶牛胰岛素。合成的胰岛素变成结晶方面，中国处于世界领先地位。

挑战病魔——疾病与药物

 想一想——糖尿病患者应怎样吃水果？

◆糖尿病患者吃水果需要慎重

必须肯定，水果中含糖，所以糖尿患者必须在血糖控制良好后才能吃水果，而含葡萄糖较多的葡萄、香蕉、荔枝、枣、红果等不要吃，可以吃梨、桃、草莓、柚子等，每天吃1~2个水果。水果可作为加餐吃或餐前吃。如果能在吃水果前及吃水果后两小时测血糖或尿糖，对了解自己能不能吃此种水果，吃得是不是过量很有帮助。

糖尿病的治疗

糖尿病的治疗依赖于五驾马车，那就是健康教育、血糖监测、饮食调整、运动以及药物疗法。无论何种类型，也不管男女老少、国家和民族，糖尿病患者都必须注重五驾马车并驾齐驱。治疗糖尿病的药物琳琅满目，但总的来说只有两类，一类是口服降糖药，一类是胰岛素。胰岛素是治疗糖尿病最为有效的制剂。20%的患者可以通过饮

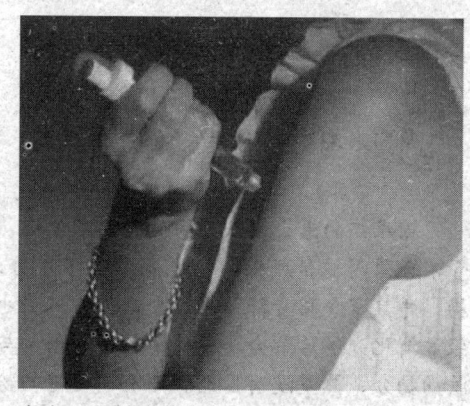

◆皮下注射胰岛素

食调整和运动疗法良好地控制血糖，如果上述方法效果欠佳，则需使用口服降糖药物，一旦患者出现急性并发症或严重慢性并发症，则需要采用胰岛素治疗。

胰岛素皮下注射是最常见的使用方法，将预先混合好的胰岛素混合制

你所不知的基因密码

剂吸入针筒，然后用酒精棉清洁注射部位。用拇指和食指将注射部位皮肤撑起，另一只手像握铅笔方式将针筒以45°~90°角快速插入。将针筒直接往下推到底，使胰岛素注入皮下，这个过程应不超过4~5秒。移开针筒，如果稍微出血，则用手轻按注射部位几秒。

◆胰岛素注射笔给糖尿病患者带来了方便

科技文件夹

随着科技的发展，将注射器和混合胰岛素装配在一起，于是就制造出了胰岛素注射笔。方便了患者的使用。拥有各种各样造型。为了方便给药，吸入型胰岛素正在研制开发中。

 小知识——吃甜食与糖尿病

糖尿病的患者误认为保健食品不含糖，可以无限制地食用。其实保健食品尽管不含葡萄糖和蔗糖，但吃多了一样升高血糖。如"无糖糕点"虽没有加入蔗糖，并且富含膳食纤维等成分，但它本身也是用粮食做的，其主要成分是淀粉，经过消化分解后都会变成大量的葡萄糖，与我们日常生活中食用馒头、米饭所吸收的糖分、热量没有区别。还有"无糖奶粉"，牛奶中本身就含有乳糖，乳糖经消化后同样可以分解成葡萄糖和半乳糖。所以"无糖食品"并不可以无限量地食用。有些糖尿病患者在不加以节制食用"无糖食品"后，出现血糖上升，主要是由于对无糖食品不了解所致。另外，无糖食品没有任何治疗功效，不可取代降糖药物。

挑战病魔——疾病与药物

发现病毒的复制机制和基本结构

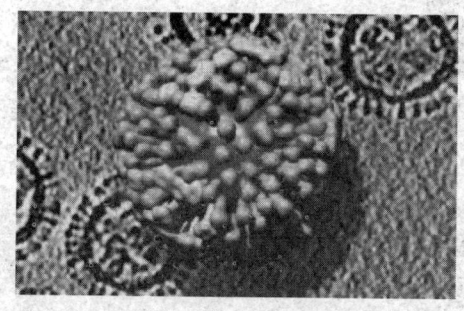

◆神秘而可怕的病毒

病毒和部分细菌是人体的主要致病原，许多疾病如流感、肝炎等是由空气中致病原传播的。病毒体积虽小，但由于其不能在空气中单独存活，常以菌团或孢子的形式吸附在体积比其大数倍的颗粒物上。病毒由于其自身没有完整的代谢系统，必须寄生在某些活细胞内才能繁殖。这种小小的微生物有时可以带来灾难性的疾病，例如黄热病、艾滋病、肝炎等。在人类医学的发展中，有许多科学家因病毒的研究而获得诺贝尔生理学或医学奖，下面就让我们一起看看他们的故事。

非洲人民的疾苦

黄热病是由黄热病病毒引起的急性传染病，埃及伊蚊是主要传播媒介。国际上将黄热病定为检疫传染病，我国也将其定为甲类传染病。迄今为止，我国尚无该病病例的报道。

1648年，美洲的尤卡坦半岛首次证实黄热病的流行。17～19世纪，此病

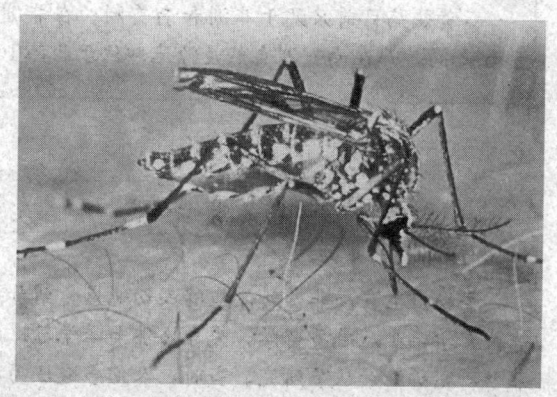

◆正在吸血的雌性埃及伊蚊

"领先一步学科学"系列

65

你所不知的基因密码

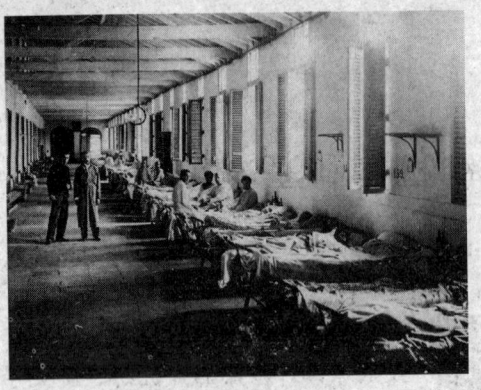

◆1902年古巴黄热病爆发，这是当时医院收治黄热病患者的场景

通过交通运输被带到欧洲及北美，在差不多两个世纪内，黄热病成为美、非、欧三大洲一些地方最严重的瘟疫之一，造成大量人群死亡。20世纪以来，本病在北美及欧洲未再发生，但在中、南美和非洲的一些国家和地区仍不时流行。据世界卫生组织（1983）报告，1979～1982年，黄热病在非洲发生50例，南美洲发生695例，估计实际病例数为上述报告数的35～480倍。

黄热病毒引起的急性传染病，患者常出现黄疸伴发热，故名。主要症状有发热、头痛、黄疸和出血等。黄热病的主要病变在肝、肾、心、胃、肠等内脏。由于肝功能受到损害，凝血因子的合成减少，可以导致上消化道出血、渗血以及皮下出血。也可以发生弥漫性血管内凝血。根据流行学特点分为城市型和丛林型。

点击

黄热病目前只见于非洲和南美洲。在非洲主要自然疫源地都在南北纬15°之间，而在南美洲自然疫源地却位于北纬10°以南和南纬20°以北的地区。

链接——蒂勒的潜心研究

蒂勒出生在南非，所以能够深切地感觉到黄热病带给人类的恐惧。蒂勒从开普敦大学毕业后赴美留学，先在哈佛大学学习，然后受邀到黄热病研究中心洛克菲勒研究所继续从事研究。当时，人们普遍认为，除人以外，只有猴子对黄热病病毒具有感受性，所以全部用猴子做实验。由于猴子的数量有限，使得研究进展

挑战病魔——疾病与药物

非常缓慢。蒂勒为了推动黄热病的研究,考虑用价格便宜、数量大的白鼠代替猴子作实验动物。经反复筛选、比较,最后决定采用白鼠脑内注射法使其感染上黄热病。用这种方法,蒂勒获得许多有关黄热病疫苗的第一手资料。

发现病毒的复制机制和遗传结构

◆获得1969年诺贝尔生理学或医学奖的三位科学家:卢里亚、德尔布吕克和赫尔希

1969年的诺贝尔生理学或医学奖授予了三位遗传学家,他们是德尔布吕克、卢里亚和赫尔希,以表彰"他们发现了病毒的复制机制和基本结构"。而以上三位获奖者正是大名鼎鼎的"噬菌体学派"的创始人,其中又以德尔布吕克为这个学派的领军人物和开拓者。正如诺贝尔颁奖委员会的致词中所说:"荣誉首先应归功于德尔布吕克,是他把噬菌体的研究从含糊的经验知识变成了一门精确的科学。他分析和规定了精确测定生物效应的条件。他与卢里亚一起精心设计出定量的方法,并且确立了统计求值的标准。有了这些,才有可能在后来展开深入的研究。"

◆卢里亚和赫尔希的相遇

1937年,德尔布吕克以洛克菲勒研究员的身份来到美国加州理工学

你所不知的基因密码

院，与研究噬菌体的埃利斯合作，开始从事噬菌体研究。他很快就被这一新领域深深吸引，用他的话来说："那是一个严肃小男孩提出有野心问题的游戏场。"德尔布吕克很快意识到，噬菌体是一种进行定量研究的理想材料。寄主菌与噬菌体的实验结果分析简单，实验一天之内就能完成，有关技术易于掌握。

1939年第二次世界大战爆发后，德尔布吕克决定留在美国，应聘在田纳西州的范特比尔特大学物理系任教。尽管他是讲授物理学的，但他却不务正业，而是一门心思研究噬菌体。

1940年12月，德尔布吕克在一次物理学年会上结识了卢里亚。而此时卢里亚也正在从事噬菌体方面的研究。两人经过实验技术交流，都认定噬菌体将会是研究遗传学的一种新的实验模型，并同意开展这一新领域的研究合作。

正是由于三位学者对噬菌体孜孜不倦的一系列的研究，有力地推动了生物学研究由经典遗传学阶段进入到分子遗传学阶段，而德尔布吕克、卢里亚和赫尔希也因此获得了1969年的诺贝尔生理学或医学奖。

历史趣闻

"噬菌体学派"的形成

在第二次世界大战期间，德尔布吕克与卢里亚（当时卢里亚正在布卢明顿的印地安那大学任教）在法律意义上都是敌侨（他们分别来自德国和意大利），这种身份在一定程度上反而使他们可以免除干扰地投入到科学研究之中。1943年1月，科学家赫尔应德尔布吕克的热情邀请，也进入了现代噬菌体研究领域。自此，"噬菌体学派"开始形成。

点击

德尔布吕克在性格上与卢里亚互补。德尔布吕克性格开朗、活泼外向，易于与学生打成一片；而卢里亚总是与学生保持一定距离，如同他与自然保持一定距离一样。德尔布吕克善于将工作与娱乐融合在一起。

领先一步学科学 系列

挑战病魔——疾病与药物

名人介绍——从物理领域"转战"生物界

德尔布吕克于1906年9月4日出生于一个书香气息浓郁的贵族之家。从少年时代起，德尔布吕克就对科学满怀兴趣，最初让他着迷的是天文学。也许是因为广阔无垠的星空更易激起年轻人的浪漫幻想，所以天文学成了德尔布吕克走进科学的入场券。

在哥丁根大学读研究生的后期，德尔布吕克从天体物理转向了理论物理。德尔布吕克的博士后岁月是在英国、瑞士和丹麦度过的，正是在此期间与丹麦著名物理学家玻尔的交往，改变了德尔布吕克一生的学术道路。

众所周知，玻尔是量子力学的巨匠。1932年，他发表了《生命和光》一文，其中他这样说道："企图用还原论的观点来解释生命的本质，它所遭遇的困难就如同用每个电子的位置来说明原子一样。活的生命体是一个不能用一般化学反应来解释的体系。"因此，以玻尔为首的物理学家有一种奇怪的信念，这就是也许可在生物学研究中发现某些新的原理或定律。对于不少物理学家来说，这是一个浪漫的诱惑，从而吸引他们转向生物学领域。德尔布吕克就是其中的一位。

◆德尔布吕克是一位德裔美籍生物物理学家

从脑片获得的启示

丹尼尔·卡里顿·伽杜塞克，1923年生于美国，哈佛大学毕业。伽杜塞克研究的主要对象是流行在新几内亚高地福鲁族的一种神秘而可怕的疾病，人们称为"库鲁病"。伽杜塞克决心找出致病"元凶"。最初他认为病原是微生物，可是没有从患者身上发现微生物，后来又按病毒追查，仍然没有结果。

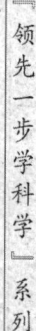

你所不知的基因密码

◆1976年诺贝尔生理学或医学奖获得者
——丹尼尔·卡里顿·伽杜塞克

◆患有"库鲁病"的部落成员

于是他放弃了可能是微生物或病毒引起感染的想法，把目光转移到食物上。他彻底检查了当地民族的饮食，也没有发现他们特有的食物中有什么致病原因。或许是金属？想到这里，他又将当地的饮用水和土地的成分调查了一遍，仍然没发现什么。为了找到病原，伽杜塞克和福鲁族人同吃同住，生活在一起。他仔细观察他们的日常生活，但最终还是否定了致病原存在于福鲁族人日常生活中的推测。

一天，村里的长老患"库鲁病"死了。为了通宵达旦地追思长老的恩德，家族成员和亲朋好友们聚集在一起，做出了一件令人吃惊的事情。他们把长老的头割下来，把脑子切成片分给出席仪式的人们。人们一边哭，一边把脑片送进嘴里。

一直在旁边观看这个严肃仪式的伽杜塞克突然灵机一动："就是它！"于是把脑子带回去，研碎，仔细检测是否有微生物或病毒，但仍然什么也没有找到。他想："结果不应该是这样的。"他又把从长老脑子里抽取的蛋白粒子移植到猩猩的脑子里，然而猩猩并没有出现他预想的症状。"蛋白粒子不应该是病原，最好再重新检查一下患者的情况。"他这样想了，却没有立即动手，日子就这样一天天过去了。

一天，他突然注意到，以前被移植了长老脑子的那只猩猩样子很怪。他马上又取了一小片"库鲁病"死者的脑子，重新研碎，用微生物无法通

挑战病魔——疾病与药物

过的滤器滤了一遍，然后用核酸分解酶处理了一下，去除病毒，只留下蛋白质部分，最后把切割成许多小块的蛋白粒子移植到健康猩猩脑内。剩下的当然就是观察猩猩是否发病了。不出所料，这头猩猩发病了。他又取了这头猩猩的脑子，按前述过程"清洗"了一番，移植给一头健康猩猩。这头猩猩也出现了"库鲁病"症状。伽杜塞克以他杰出的科研成就，荣获1976年诺贝尔生理学或医学奖。

◆国外禁食大脑的标识

 广角镜——伽杜塞克的成功秘诀

　　由于伽杜塞克和福鲁族人同甘共苦，取得了他们的信赖，才有资格参加死者的丧葬仪式。否则大概就发现不了"库鲁病"的病因了。光有这些是不够的。他的研究曾一度毫无进展，但他并未气馁。在把"库鲁病"死者的脑子移植给猩猩以后，他耐心地饲养猩猩一直到看见猩猩发病，这需要多么坚定的恒心和毅力呀！正是坚定不移的信念使他获得了诺贝尔奖。

你所不知的基因密码

病毒会引起癌症吗

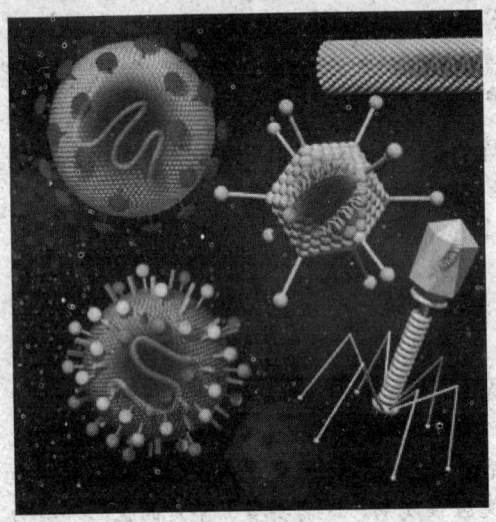

◆各种各样的病毒结构模型

病毒是颗粒很小、以纳米为测量单位、结构简单、寄生性严格、以复制进行繁殖的一类非细胞型微生物。病毒是比细菌还小、没有细胞结构、只能在活细胞中增殖的微生物，由蛋白质和核酸组成，多数要用电子显微镜才能观察到。正是因为它的"个头"实在太小，人们对它的生长繁殖方式不甚了解，直到1975年三位科学家揭示了病毒的复制方式，从此对病毒的研究如火如荼地开始了。其实，病毒不仅会给我们带来各种病毒感染性疾病，也会导致癌症的发生，如人类乳突瘤病毒导致宫颈癌等等。

发现肿瘤病毒第一人

弗朗西斯·佩顿·劳斯，1879年10月5日出生于美国，是纽约市洛克菲勒研究所的内科医生和病毒学家。

劳斯医生毕业于马里兰州巴尔的摩市约翰斯·霍普金斯大学。1911年1月21日，弗朗西斯·佩顿·劳斯发表了一份报告：癌性肿瘤是病毒所致。这一提法在医学史上是首次，因为到这时还没有证据表明癌症对人或

挑战病魔——疾病与药物

动物有传染性，劳斯也成为发现这种"肿瘤病毒"的第一人。因为这种病毒最先是在那只被劳斯接诊的鸡身上发现的，所以病毒被命名为"劳斯鸡肉瘤病毒"。

在20世纪初，病毒这一概念在人们的意识中是很不清楚的。事实上，人们没有见过病毒，对它们会引发癌症的可能性更是没有考虑过。

最初，劳斯得到的那只长有巨大胸瘤的鸡是当地一位农夫给洛克菲勒研究院带来的普利茅斯洛克鸡。劳斯首先确定了这个大胸瘤是肉瘤，是一种与结缔组织有关的癌症。他从这大胸瘤制备了提取液，并过滤以除去任何细

◆90岁高龄的劳斯仍在坚持科学研究

胞或细菌。但当他把这无细胞滤液注入别的鸡体内，这些鸡也会传染上肉瘤。劳斯由此得出结论：这些肉瘤是由病毒引起的。

几十年以后，其他肿瘤病毒被分离成功的事实证明了劳斯是正确的。今天，人们把他最初分离出来的菌体以他的名字命名为"劳斯鸡肉瘤病毒"。劳斯鸡肉瘤病毒这一发现的重要意义是经过很长时间才被人们认识到的。1966年，劳斯以他在半个多世纪以前的这项研究荣获诺贝尔生理学或医学奖。

追忆历史

等待了半个世纪的奖励

1966年，已经87岁高龄的劳斯在距离发现"劳斯鸡肉瘤病毒"55年之后，获得了诺贝尔生理学或医学奖。这种病毒的发现与劳斯积极的工作是分不开的。多年来，劳斯一直在积极地进行着研究工作，事实上直到他过90岁生日时为止，他一直都在工作。

 你所不知的基因密码

未被认同的研究结果

劳斯从实验所得出的结论最初并未被科学界大部分人士所接受。他们认为这一研究不够精细，认为细菌和肿瘤细胞也可渗透过滤器。而且，劳斯本人也不能证明可以这种方式用于分析哺乳类动物的肿瘤。这导致他离开了这一研究而转向别的研究领域。

 链接——1966年的另一位诺贝尔奖获得者

◆1966年诺贝尔奖生理学或医学奖获得者——哈金斯

哈金斯1901年9月22日生于加拿大新斯科舍省哈利法克斯，1924年获美国哈佛大学医学博士学位，1924年起任美国密歇根大学外科讲师，1927年起任芝加哥大学外科学讲师、教授。主要从事泌尿生殖外科研究。20世纪30年代后期设计了前列腺的实验研究方法，用实验模型证明雄激素促进前列腺增长，使前列腺液的量增多，雌激素的作用则相反，从而证明前列腺对性激素的依赖性。他发现从血清磷酸酶浓度的变化可以了解前列腺癌的变化，随后又进一步研究性激素对有广泛转移的前列腺癌患者的影响。1941年报告抗雄激素治疗可使绝大部分前列腺癌患者得到长期缓解。这一研究成果第一次证明全身性治疗对恶性肿瘤有效，为癌症治疗开辟了一条新途径——化学治疗，在此以前，癌症完全依靠局部治疗（手术或放射治疗）。他因此获1966年诺贝尔生理学或医学奖。他在乳腺癌的治疗上也有独特见解，著有《实验性白血病和乳腺癌》。

挑战病魔——疾病与药物

突破权威，不怕孤立的特明博士

霍华德·马丁·特明在学生时代就在杜尔贝科的指导下提出了劳斯肿瘤病毒的定量测定法。不过当时还有许多疑问，如感染了病毒的细胞为什么会继续繁殖？细胞内是否产生了某种形态上的变化？感染后多长时间细胞会产生病毒？特明平时走路，手中总拿着个便条本，脑子里一出现疑问，就一一记录下来。当他成为助教以后，他就开始研究便条本上的问题。他首先查明，受到癌病毒感染的细胞在出现癌变的时候会产生形态上的变化；在发生变化之前细胞内会产生RNA型

◆1975年诺贝尔生理学或医学奖获得者——霍华德·马丁·特明

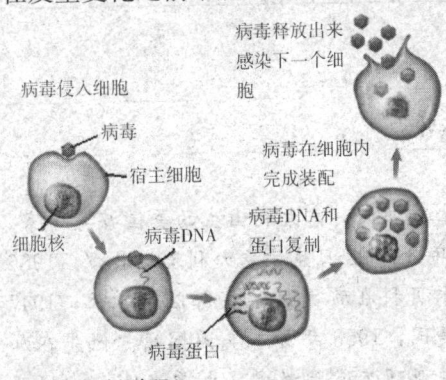

◆病毒复制过程

病毒。在做这些实验时，他把遇到的问题如为什么细胞会发生形态变化、细胞的基因发生了什么样的变化、为什么必须先有DNA的合成等等，都逐一记在本子上，以后再继续做实验，解决这些问题。

特明认为，RNA型病毒的繁殖必须以DNA的重新合成为条件。RNA型病毒与新合成的DNA有其互补性，所以一旦感染上RNA型病毒，首先要以RNA型病毒为模板，合成出DNA，然后再以这种DNA为模板，合成出RNA型病毒。RNA型病毒的繁殖就是按这种程序进行的。

实事求是地解释实验数据，这种思考方式应该说任何人都可以做到。然而许多人都认为"中心法则"是不容怀疑的，所以他们无论如何也不愿承认复制RNA之前应先合成DNA。总之，不愿承认生命信息是从RNA

你所不知的基因密码

传到 DNA 的这种学说。谁都对他的实验吹毛求疵，把他的理论看做是谬论。因为当时已发现了以 DNA 为模板合成 RNA 的酶，而未发现以 RNA 为模板合成 DNA 的酶。如果没有酶的作用，是根本无法合成 DNA 的。

就这样，实事求是地解释实验结果的特明发表了他的论文，结果受到了肿瘤学会的孤立。要证实特明的学说，只有找出以 RNA 为模板合成 DNA 的酶。为此，他收集了大量的 RNA 型病毒，加以催化，终于合成出了 DNA。1975 年，他因此获诺贝尔生理学或医学奖。这种"反传递酶"后来成为生物工程学的关键物质。

 人物志

霍华德·马丁·特明

马丁·特明 1934 年生于美国。他先后就读于斯沃摩尔学校和加利福尼亚理工科大学，自 1969 年起任威斯康星大学教授。因发现劳斯肿瘤病毒中与 RNA 互补的 DNA 反传递酶，1975 年获诺贝尔生理学或医学奖。1992 年逝世。他总是随身携带便条本和铅笔，一产生疑问就记下来，然后根据这个记录进行实验。

名人介绍——特明博士的恩师

◆美国病毒学家——雷纳托·杜尔贝科

杜尔贝科，意大利出生的美国病毒学家。1914 年 2 月 22 日生于意大利坎坦扎罗。1936 年杜尔贝科在都灵大学获得医学学位，1947 年到美国，1953 年加入美国国籍。他先在加利福尼亚理工学院教学，也曾在塞尔克研究所和圣迭戈的加利弗尼亚大学医学院工作过。杜尔贝科最重要的工作是研究癌症病毒，研究它们如何使细胞产生化学变化导致癌变。由于细胞内有极其错综复杂的无数化学反应在相互作用，所以他倡导了向细胞内注入已知功能的单个病毒基因而不注入完整病毒的

挑战病魔——疾病与药物

技术，以研究因此而发生的化学变化。这项技术的效果使他分享了1975年诺贝尔生理学或医学奖。

病毒也能致癌

哈拉尔德·楚尔·豪森生于1936年3月11日，德国医学科学家和退休教授。青年时期目睹了战后德国的景象，对待生活十分认真。他专注于学业。虽然经历了20世纪60年代末期的享乐主义，但是他认为自己从来都不是嬉皮一族。

他把毕生精力用于研究乳头状瘤病毒。哈拉尔德·楚尔·豪森发现，人类乳头状瘤病毒（HPV）导致宫颈癌，这是妇女第二大多发癌症。他意识到，人类乳头状瘤病毒可能在肿瘤中以一种不活跃的状态存在，所以进行病毒DNA的特定检测应当可以查到这种病毒。他发现致瘤人类乳头状瘤病毒属于一个异种病毒家族，只有一些类型的人类乳头状瘤病毒可以引发癌症，他的发现使人类乳头状瘤病毒感染的自然历史被定性，使人们了解到人类乳头状瘤病毒引发癌瘤的机制，从而研发针对人类乳头状瘤病毒的预防疫苗。

◆德国科学家——哈拉尔德·楚尔·豪森

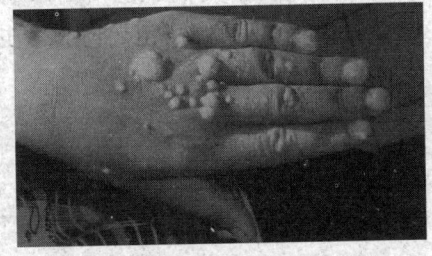

◆感染HPV病毒患者的手部症状

哈拉尔德·楚尔·豪森曾花了十年的时间来寻找不同的人类乳头状瘤病毒类型，这一工作由于这种病毒DNA只有部分进入基因组而变得很困难。他在宫颈癌切片发现了新的人类乳头状瘤病毒DNA，随后于1983年发现了可致癌的HPV16型病毒。他1984年从患宫颈癌的患者那里克隆了

你所不知的基因密码

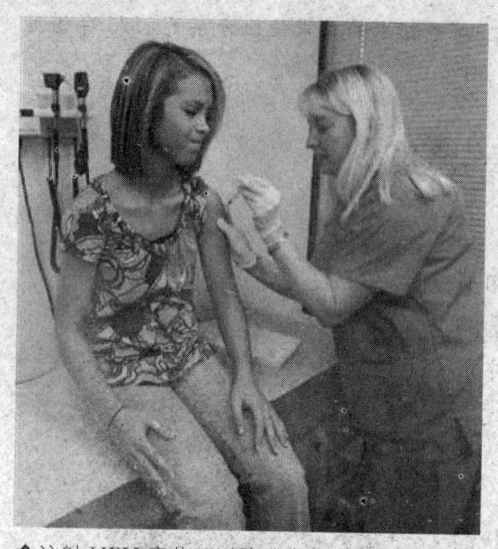

◆注射HPV疫苗可以防治宫颈癌

HPV16和18型病毒。在全世界各地70%的宫颈癌切片中都发现了HPV16和18型病毒。人类乳头状瘤病毒对全球公共健康体系造成了很大的负担，全世界所有的癌症5%是因为人们持续感染这一病毒所致。人类乳头状瘤病毒是最常见的性病致病病毒，这影响了人类人口的50%～80%。在已知的100多种人类乳头状瘤病毒，近40种人类乳头状瘤病毒影响生殖道，有15种可引发妇女患宫颈癌的高风险。此外，在子宫颈癌、阴茎癌、口腔癌和其他癌症中也都发现了人类乳头状瘤病毒。99.7%被证实患宫颈癌的患者可以检到人类乳头状瘤病毒，每年有50万妇女患这种癌症。

哈拉尔德·楚尔·豪森证实了人类乳头状瘤病毒的新构成，这使人们了解了乳头状瘤病毒导致癌症的机理，影响病毒持续感染和细胞变化的因素。他发现了HPV16和18型病毒，这使科学家最终能够研发出保护人们不受高风险HPV16和18型病毒感染的疫苗，疫苗的保护率超过了95%。疫苗还降低了进行手术的必要性和宫颈癌给全球卫生体系造成的负担。

知识库——拉尔德·楚尔·豪森的成就

拉尔德·楚尔·豪森2008年获得诺贝尔生理学或医学奖，其于1970年代发现人类乳突病毒很可能会是子宫颈癌的成因，经深入且缜密、锲而不舍的研究，终于证实两者间的直接关联性，让病毒会是癌症成因成为医学科学中新的学术理论。

挑战病魔——疾病与药物

  名人介绍——大卫·巴尔蒂摩

　　大卫·巴尔蒂摩教授博士是一位世界著名的生物科学家。他从1997年起担任加州理工大学校长，37岁时获得诺贝尔奖，并且在重组DNA研究、病毒的致病机理、基因转录调控，免疫学中的信号传导等领域做出了杰出的贡献，产生相当深远的影响。同时，他又是一位杰出的教育家、管理者和公众倡导者。

　　大卫·巴尔蒂摩教授生于纽约。早期的工作是研究脊髓灰质炎病毒感染细胞的分子机制，并使之癌变。研究中，他证实了RNA逆转录酶的存在，为RNA逆转录DNA提供了有力证据。正因为这些发现，获得了1975年诺贝尔生理学或医学奖。他的研究成果让生物科学界对像HIV这样的逆转录病毒有了更深的了解。另外，大卫·巴尔蒂摩在癌症、艾滋病、基因转录调控和免疫应答的分子机制等方面也有深入研究。

◆美国微生物学家——大卫·巴尔蒂摩

你所不知的基因密码

防治艾滋病

◆防治艾滋病是每一个公民应尽的义务

艾滋病是世界上迄今所知最严重的流行病之一。艾滋病病毒是引起艾滋病的病毒。艾滋病病毒最早发现于1981的中非边远地区,然后就席卷全球,在相对较短的时间内感染了数百万人。目前亚洲有近500万人感染艾滋病病毒,每年死于艾滋病的有44万人,而按照目前艾滋病在亚洲的扩散速度,到2020年,亚洲将新增感染病毒者800万人,每年死亡人数达到50万。艾滋病被称为"史后世纪的瘟疫",也被称为"超级癌症"和"世纪杀手"。

可怕的艾滋病

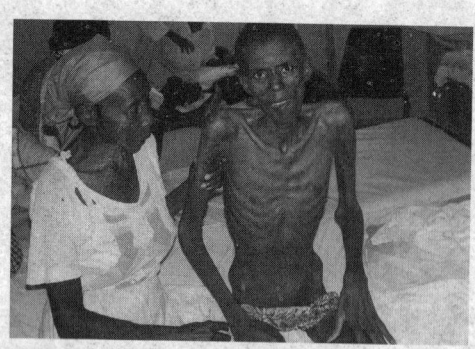

◆艾滋病晚期患者骨瘦如柴

艾滋病起源于非洲,后由移民带入美国。1981年6月5日,美国亚特兰大疾病控制中心在《发病率与死亡率周刊》上简要介绍了5例艾滋病患者的病史,这是世界上第一次有关艾滋病的正式记载。

1982年,这种疾病被命名为"艾滋病"。不久以后,艾滋病迅

挑战病魔——疾病与药物

速蔓延到各大洲。1985 年，一位到中国旅游的外籍青年患病入住北京协和医院后很快死亡，后被证实死于艾滋病。这是我国第一次发现艾滋病。

艾滋病严重地威胁着人类的生存，已引起世界卫生组织及各国政府的高度重视。艾滋病在世界范围内的传播越来越迅猛，严重威胁着人类的健康和社会的发展，已成为威胁人们健康的第四大杀手。艾滋病病毒感染者从感染初期算起，要经过数年，甚至长达 10 年或更长的潜伏期后才会发展成艾滋病患者。艾滋病患者因抵抗能力极度下降会出现多种感染，如带状疱疹、口腔霉菌感染、肺结核，特殊病原微生物引起的肠炎、肺炎、脑炎等，后期常常发生恶性肿瘤，直至因长期消耗、全身衰竭而死亡。

虽然全世界众多医学研究人员付出了巨大的努力，但至今尚未研制出根治艾滋病的特效药物，也没有可用于预防的有效疫苗。

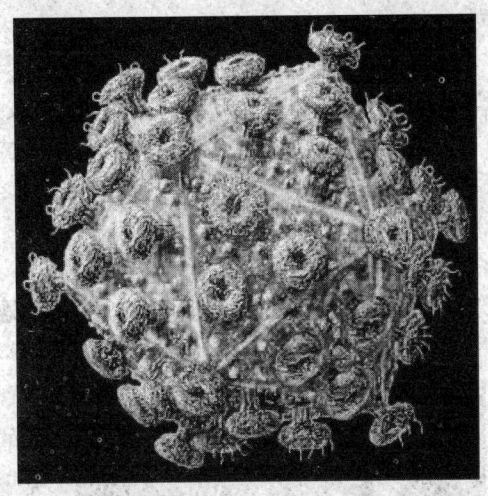

◆艾滋病病毒结构图

 点　击

目前，这种病死率几乎高达 100% 的"超级癌症"已被我国列入乙类法定传染病，并被列为国境卫生监测传染病之一。故此，我们把其称为"超级绝症"。

 小知识——艾滋病病毒和艾滋病的区别

艾滋病病毒代表人类免疫缺陷病毒。一个人感染了 HIV 以后，此病毒就开

你所不知的基因密码

始攻击人体免疫系统。人体免疫系统的一个功能是击退疾病。经过几年，HIV削弱了免疫系统，这时人体就会感染上机会性感染病，如肺炎、脑膜炎、肺结核等。一旦有机会性感染发生，这个人就被认为是患了艾滋病。

艾滋病代表获得性免疫缺陷综合征。艾滋病本身不是一种病，而是一种无法抵抗其他疾病的状态或综合症状。人不会死于艾滋病，而是会死于与艾滋病相关的疾病。

给我钱，我能治好艾滋病

◆艾滋病病毒发现者之一——蒙塔尼

在全世界以艾滋病为主要研究对象的科学家当中，可能没有一个比吕克·蒙塔尼更出名。除了是艾滋病毒发现者之外，他还在艾滋病开始肆虐全球之前就发现艾滋病毒的许多特性，为了解艾滋病病毒如何改变受感染者体细胞遗传信息作出重大贡献。有了他，人类面对这种眼下全世界每年导致200万人死亡的顽疾起码不再手足无措。（据统计，2003年全世界艾滋病死亡人数达到300万。）

蒙塔尼1932年生于法国沙布里，父亲是会计师，闲暇时喜欢在家里地下室做科学实验。受父亲影响，蒙塔尼从小对科学感兴趣，由于他祖父长期受结肠癌困扰，他决定投身医学。

在巴黎大学取得博士学位后，蒙塔尼投身科研。1982年，已在癌症与逆转录病毒研究上声誉卓著的蒙塔尼受邀研究是什么导致1981年在美国首先发现的一种神秘新疾病——艾滋病。在他的领导下，包括巴尔—西诺西在内的科学家于1983年在巴斯德学院从艾滋病早期患者淋巴和艾滋病晚期患者血液中分离出了一种逆转录病毒，命名为"淋巴腺病相关性病毒"。这一病毒1986年正式被命名为人类免疫缺陷病毒（HIV），即艾滋病病毒。

蒙塔尼现任世界艾滋病研究与防治基金会主席，致力于寻找艾滋病疫

挑战病魔——疾病与药物

苗和疗法。2008年，蒙塔尼和巴尔－西诺西一起获得了诺贝尔生理学或医学奖。获知获奖消息时，蒙塔尼正在西非国家科特迪瓦参加一次会议。他说，很高兴诺贝尔奖评审委员会今年关注艾滋病，现在艾滋病尚无药可治，与艾滋病的抗争仍在继续。

他认为，艾滋病防治的前进方向应是治疗手段，而不是预防疫苗。"我认为治疗性疫苗比预防性疫苗更为可行。我们可以为已经感染艾滋病毒者接种。"艾滋病毒者感染初期没有症状。但随着感染发展，感染者免疫系统变弱，更易遭受机会性感染。艾滋病毒感染者可能经过10～15年才会进入感染的最后阶段，罹患获得性免疫缺陷综合征即艾滋病。现有的抗逆转录病毒药物可以延缓这一进程。蒙塔尼说，他认为治疗艾滋病的手段3～4年就能出现，"只要给我足够的钱"。

◆这是弗朗索瓦丝·巴尔－西诺西（右）和吕克·蒙塔尼在巴黎的实验室

 历史趣闻

谁是艾滋病病毒的发现者？

尽管艾滋病病毒十分可怕，这些病毒也有弱点，它们只能在血液和体液中活的细胞中生存，不能在空气中、水中和食物中存活，离开了这些血液和体液，这些病毒会很快死亡。只有带病毒的血液或体液从一个人体内直接进入到另一个人体内时才能传播。它也和乙肝病毒一样，进入消化道后就会被消化道内的蛋白酶所破坏。因此，日常生活中的接触如：握手、接吻、共餐、生活在同一房间或办公室、接触电话、门把、便具，接触汗液或泪液等都不会感染艾滋病。

 链接——艾滋病病毒其实很脆弱

弗朗索瓦丝·巴尔－西诺西1947年出生在法国，1974年获得博士学位，后

你所不知的基因密码

◆艾滋病病毒不能在空气中、水中和食物中存活

进入法国国家卫生研究院（INSERM）从事逆转录病毒和肿瘤关系的研究。1983年，她和吕克·蒙塔尼等合作发现了人类免疫缺陷病毒。1988年，巴尔—西诺西获得巴斯德研究所的教授职位，并在此后十年参与研制艾滋病病毒疫苗的项目。她目前是巴黎巴斯德学院病毒部的教授，同时担任世界卫生组织和联合国艾滋病规划署（UN-AIDS—HIV）的顾问，主要从事反转录病毒研究。

弗朗索瓦丝·巴尔—西诺西和吕克·蒙塔尼从淋巴结肿大的早期患者的淋巴细胞和晚期患者的血液中确定了病毒复制。他们根据形态、生物化学、免疫特性，将这种反向病毒定为首个人类已知慢病毒。由于大量的病毒复制和对淋巴细胞的细胞破坏，HIV破坏了人体的免疫系统。这一发现对于了解艾滋病的生物学和抗病毒治疗是一个前提。由于这一病毒已感染了全球1‰的人口，这一成就具有非凡的意义。

知识库——红丝带的由来及涵义

在一次世界艾滋病大会上，艾滋病病毒感染者齐声呼吁人们的理解。支持者将红丝带剪成小段，并用别针将折叠好的红丝带标志别在胸前，这象征着我们对艾滋病病毒感染者和患者的关心与支持；象征着我们对生命的热爱和对平等的渴望；象征着我们要用"心"来参与预防艾滋病的工作。

挑战病魔——疾病与药物

DDT 的兴衰

人们早已认识到疟疾的残酷与可怕,尽管科学家们孜孜不倦地在努力研究和防治疟疾,但是疟疾还是一而再、再而三地使人生病、夺取人命!直到1939年,瑞士化学家缪勒发现DDT及其衍生物对昆虫有剧烈毒性,于是1942年开始大批量生产,很快在全世界推广,此后的20年间,DDT成为灭蚊的超级武器被广泛使用,蚊子才算是遇到了克星,这是人类灭蚊史上最伟大和最成功之举。

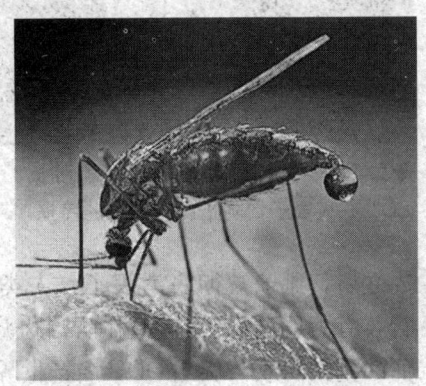

◆蚊子能传播许多疾病

DDT 的兴旺

1925年的一天,正在合成杀虫剂的瑞士化学家保尔·赫尔曼·缪勒接到他的妹妹从奥尔坦家乡寄来的信,从信中得知,家乡又闹起了严重的虫灾。米勒决心要发明一种威力超群的杀虫剂,帮助乡亲们消除虫灾。终于在1939年9月,缪勒正式公开了他的研究成果:新型的杀虫剂对家蝇有惊人的触杀作用。随后,他又制备了这一药物的各种衍生物,合成了双对氯苯基三氯乙烷,即威力超群的DDT。DDT是脂溶性,能使DDT透过体壁进入虫体,起到触杀作用。

◆保尔·赫尔曼·缪勒

《领先一步学科学》系列

你所不知的基因密码

◆第二次世界大战期间，士兵对民众使用DDT杀灭虱子，防止斑疹伤寒的传播

DDT发明后，瑞士政府将这种新型杀虫剂用于防治马铃薯甲虫，结果非常成功。第一次世界大战期间，斑疹伤寒在意大利南部港口那不勒斯流行起来，这种病是由虱子作为媒介的急性传染病，死亡数十万人。第二次世界大战期间，体虱又在意大利南部港口那不勒斯肆虐，1944年1月，在那不勒斯开始大面积使用DDT，无论军人还是老百姓，都要排起队来喷洒DDT溶液。3周之后，虱子被彻底消灭了，人类历史上第一次制止了斑疹伤寒病的流行，有力地显示了DDT在防治斑疹伤寒及由其他节肢动物传播的疾病方面的重大功效，从此DDT名扬世界。缪勒也因此而荣获1948年诺贝尔生理学或医学奖。

广角镜——知更鸟的厄运

◆知更鸟成了DDT的牺牲品

第一只知更鸟的出现对美国人来说意味着寒冬的结束，当人们开始用DDT消灭榆树上的病虫后，知更鸟的厄运就开始了。喷药区域已变成一个致死的陷阱，这个陷阱只要一周时间就可将一批迁移而来的知更鸟消灭。然后，新来的鸟儿再掉进陷阱里，不断增加着注定要死的鸟儿的数字，在撒了药的地区，知更鸟的死亡率至少是86%～88%。

挑战病魔——疾病与药物

DDT 的衰落

但在20个世纪60年代科学家们发现DDT在环境中非常难降解，并可在动物脂肪内蓄积，甚至在南极企鹅的血液中也检测出DDT，鸟类体内含DDT会导致产软壳蛋而不能孵化，尤其是处于食物链顶极的食肉鸟如美国国鸟白头海雕几乎因此而灭绝。1962年，美国科学家卡尔松在其著作《寂静的春天》中怀疑，DDT进入食物链，是导致一些食肉和食鱼的鸟接近灭绝的主要原因。

◆受DDT污染的鸟类产出软壳蛋

DDT的有毒人造有机物是一种易溶于人体脂肪，并能在其中长期积累的污染物。DDT已被证实会扰乱生物的激素分泌。2001年的《流行病学》杂志提到，科学家通过抽查24名16～28岁墨西哥男子的血样，首次证实了人体内DDT水平升高会导致精子数目减少。除此以外，新生儿的早产和初生时体重的增加也和DDT有某种联系，已有的医学研究还表明，它对人类的肝脏功能和形态有影响，并有明显的致癌性能。因此从20世纪70年代后，DDT逐渐被世界各国明令禁止生产和使用。

 链接——DDT致命的"优点"

DDT所具有的长效性，这种原来认为的"优点"，也慢慢给人类带来了灾害。它的化学性质十分稳定，即使在日光曝晒和高温下也极少挥发和分解，结果它在土壤中的半衰期长达2～4年，消失95%需要10年的时间。长期使用DDT

你所不知的基因密码

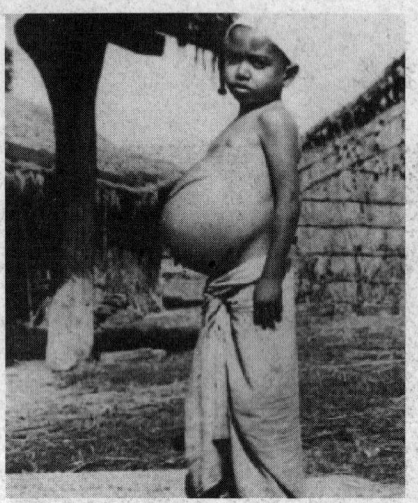

◆因DDT在体内蓄积而患病的儿童

就会造成土壤、水质和大气的严重污染。虽然DDT对哺乳动物和植物无急性毒杀作用，但在动物体内能够蓄积在撒药时也易渗入蔬菜、水果的蜡质层中，使食品增加残毒。当DDT在人体内蓄积到一定数量时，就会伤害中枢神经、肝脏和甲状腺，积存更多则可引起痉挛和死亡。

健康福音

——医疗技术的发展

百多年来的诺贝尔生理学或医学奖中，除了对疾病药物的研究、对人体生理病理学的研究外，因发明先进的仪器设备而获诺贝尔生理学或医学奖的科学家也不是少数，他们在技术领域的突破性成就使得医学科学迅猛发展。这些先进的仪器设备和技术的发明，对人类的科学与文明的贡献是巨大的，我们从多方面可以得到深刻的启示。它们是医学发展的"增速剂"。

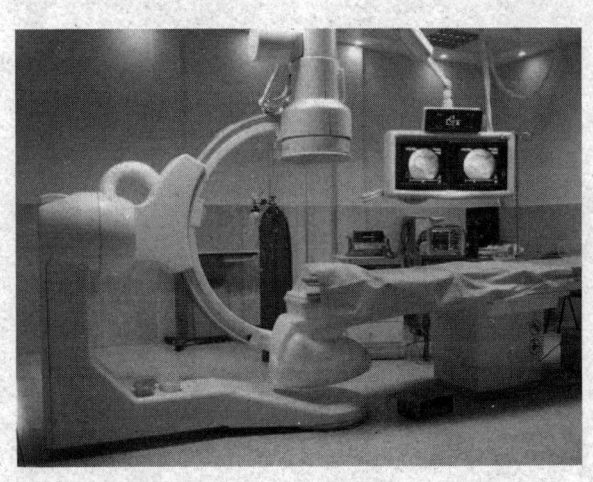

健康福音——医疗技术的发展

心电图诊断技术

许多人都有这样的经历,到医院看病时医生会进行心电图检查,把几个吸头放在胸口,就可以从机器中传出一条波纹,医生说那就是我们心脏跳动而产生的电波。那么心电图波到底是怎样形成的呢？心电图检查,是心脏检查中极重要的一项。其原理是通过心脏收缩和扩张运动所产生的弱电流,当此种电流流经全身时（人为导电体）,可经由安置在手脚上的电极转移到电流计,再以波纹记录在纸带上,此即是心电图。

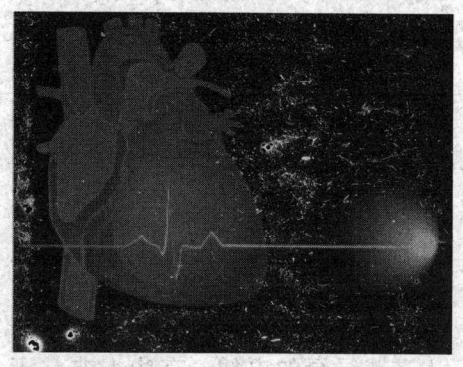
◆心脏模型

心电图检查好处多

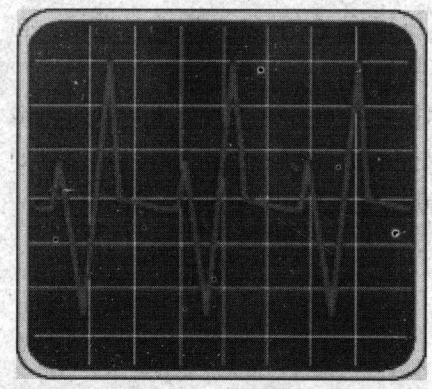
◆心电图检测,是心脏检查中极重要的一项

为何心脏工作会产生电流呢？我们首先要知道心脏的工作原理。我们的心脏比握紧的拳头稍大,平均重量为 300 克。它是人体内"泵器官",负责人体血液循环。从我们出生的那一刻起,心脏便 24 小时不停地工作,为全身输送氧气和养分。心脏能够这样周而复始地有规律地工作,是因为心脏有一天然的起搏器,它能自发地、有节律地发放电脉冲,并沿着结间束、房室结、希氏束和左右束支这

领先一步学科学系列

91

 你所不知的基因密码

一固定的激动传导途径由上向下传遍整个心脏，使心脏各个腔室顺序收缩，完成运送血液的工作。心脏的正常工作要求心脏节律发放和传导系统结构和功能正常。

心电图是一种迅速、简便、安全、有效的无操作性检查方法，凡患者感到胸闷、心悸、心慌、头昏、眼花、心前区不适或疼痛等症状时，都应做心电图检查。目前心电图已普遍地被医生们广泛应用。做心电图时患者应注意哪些问题呢？

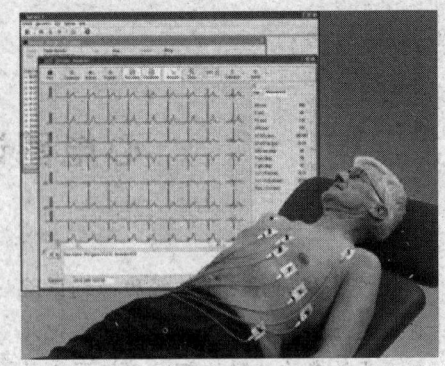
◆患者在做心电图体检

不要有恐惧感。做心电图时医生要在患者的胸前、脚脖上、手腕上接上花花绿绿的电线，有些人非常害怕，生怕会触电，心电图机还未开，

心电图也不是万能的，因为它仅是在体表记录心脏的电活动，正如用望远镜眺望远处景色一样，不一定都能看得十分清楚。

心里就"扑通"、"扑通"直跳。实际上这些电线只是把心脏的生物电"引出来"，不会向人体输入什么东西，正像拍照只是把人体的形象如实地记录下那样，所以不要有恐惧感。

等患者安静后进行。因肌肉活动都会产生生物电，当啼哭、深呼吸、四肢乱动时，均会影响心电图的结果。所以检查应在小儿安静时进行。必要时可先给患儿吃些镇静药，以防止因其他肌肉活动而引起的干扰。

避免药物影响。有些药物直接或间接地影响心电图的结果，例如洋地黄、奎尼西等。由于药物影响心肌的代谢，因而影响心电图的图形。所以如果是儿童接受检查，家长应向医生讲明患儿最近服过哪些药物，以免误诊。

 知识库——24小时监测

动态心电图是长时间（24小时或以上）连续记录动态心脏活动的方法。它能充分反映受检查者在活动、睡眠状态下心脏出现的症状和变化，适用于检查一

健康福音——医疗技术的发展

过性心律失常和心肌缺血，对心律失常能定性、定量诊断并能了解心脏储备能力。但其缺点是报告较迟，不能用于心脏急诊。

心电图仪及其发明者

◆心电图之父——威廉·爱因特霍文

心电图诊断技术是在19世纪对心电研究的基础上发展起来的一项检测技术。自1903年心电图仪问世，至今整整108年了。1903年，荷兰的威廉·爱因特霍文教授发明了第一个弦线式电流计——由一根纤细的导线穿过磁场而构成。当电流通过导线时，能使导线与磁力线方向成直角地移动，移动程度与电流强度成正比。这个装置可以灵敏地记录出心脏的各种不同电位——这就是人类医学史上第一个心电图记录计。

他还想出一种绝妙的办法，即成功地设计出指针式微电流计——使弦线电流计在偏移时挡住一束光，在纸上留下阴影。用一条长长的感光纸，并让其不断地移动，就能够画出心电图——伴随心脏肌肉活动的电活动的连续记录。鉴于他对心电图的创立及发展有着多方面的开创性的卓越贡献，威廉·爱因特霍文被尊称为"心电图之父"，并在1924年荣获诺贝尔生理学或医学奖。

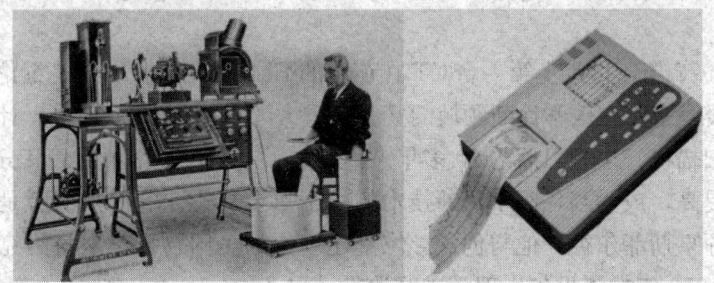

◆威廉·爱因特霍文的心电图记录计是如此庞大（左），现在的心电图仪很小巧（右）

93

 你所不知的基因密码

影像诊断的进步——CT 与核磁共振

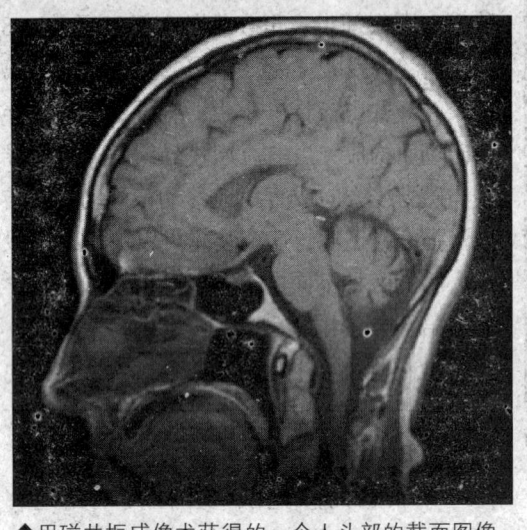

◆用磁共振成像术获得的一个人头部的截面图像

用一种精确的、非侵入的方法对人体内部器官进行成像，对医学诊断、治疗和康复非常重要。今天的核磁共振成像技术和 X 射线、CT 扫描仪一样，早已成为医院的常规技术，普通百姓很多接受过这些检查。它们为揭开患者疾病的"黑幕"作出了伟大贡献。正是科学家用艰苦卓绝的探索，为人类战胜疾病战胜痛苦作出了关键的贡献。

CT 是继 X 射线之后的又一大发明

1972 年，世界上第一台 CT 在英国的 EMI 公司问世。这是继伦琴发现 X 射线以来，在医学诊断领域的又一次重大的突破。CT（即电子计算机 X 射线扫描机）出现以后的 20 多年来，经过了一代代技术革新，其分辨能力日益提高，成为当代医学诊断技术的一个重要标志。它的发明者是英国的工程师亨斯菲尔德，他与创立影像重建理论的美国物理学家科马克共同获得了 1979 年的诺贝尔生理学或医学奖。

第一个从理论上提出 CT 可能性是一位理论物理学家——美籍南非人阿伦·科马克。他经过几十年的努力，解决了计算机断层扫描技术的理论

健康福音——医疗技术的发展

◆阿伦·科马克（左）和亨斯菲尔德（右）因发明了CT获得1979诺贝尔生理学或医学奖

问题，并于1963年首次提出用X射线扫描进行图像重建，并提出了人体不同组织对X射线吸收量的数学公式。

CT检查方便，安全便捷。例如，脑部所有的组织均匀地被颅骨所覆盖，常规的X射线摄影不能显示其细节。CT扫描首先用于脑部，对脑瘤的诊断与定位迅速准确；对脑出血、

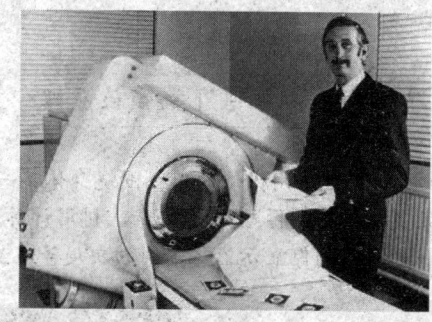

◆亨斯菲尔德和他发明的CT机

脑梗塞、颅内出血、脑挫伤等疾病，是一种准确可靠的无损伤检查方法，几乎可以代替过去的脑血流图、血管造型等检查。它的灵敏度远远高于X射线胶片。

 轶闻趣事——CT技术的另类用处

2006年英国牛津市约翰·拉德克利夫医院迎来了一个需要接受CT扫描的离奇"患者"——具有2000年历史的木乃伊。由于这具木乃伊外面的绷带太过

 你所不知的基因密码

脆弱,如用手打开绷带,将会毁坏整具木乃伊,无奈之下,科学家们想出了对木乃伊进行CT扫描的主意。CT检查显示,木乃伊以前是一名4~7岁的小男孩。

这个发现让专家们感到振奋。在古代埃及,人们有时会在处理尸体过程中出现问题,结果只有把猫、狗、鹭鸟之类的动物顶替死者制成木乃伊,以安抚悲伤的死者家属。图像还显示,木乃伊肺部填充了大量整齐的硬布料,专家据此推断,他可能正是死于肺病。这具木乃伊全身包裹着亚麻布,表面

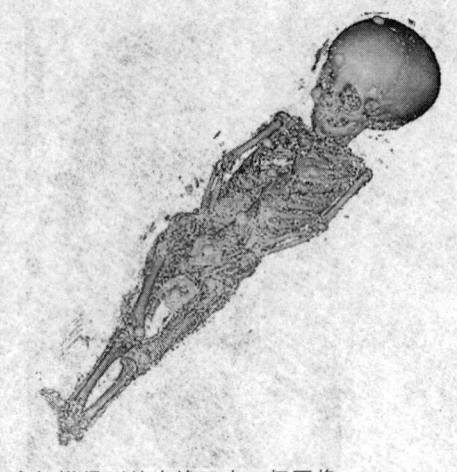

◆扫描得到的古埃及木乃伊图像

还有镀金装饰。四个搭扣分别在脸部、心脏上方、胃部和生殖器处固定住缠在身上的绷带。

 讲解——CT的成像原理

CT是采用很细的射线围绕身体某一个部位,从多个方向作横断层扫描,再用灵敏的探测器接收X射线,利用计算机计算出该层面各点的X射线吸收系数值,再用图像显示器将不同的灰度等级显示出来,从而为疾病诊断提供可以参考

◆电子计算机在CT技术中起到了重要的作用

健康福音——医疗技术的发展

的重要依据。这些数字符号转化成了胶片图像,就是医生和患者都能看到的CT片。

核磁共振——让任何病变都无处遁形

核磁共振现象发现60多年来,已经有多位著名科学家因从事核磁共振或与核磁共振有关的研究而获得诺贝尔奖。

◆获得2003年诺贝尔生理学或医学奖的美国劳特博(左)和英国曼斯菲尔德(右)

美籍德国人斯特恩因发展分子束的方法和发现质子磁矩获得了1943年诺贝尔物理学奖。美籍奥地利人拉比因应用共振方法测定了原子核的磁矩和光谱的超精细结构获得了1944年诺贝尔物理学奖。美籍科学家普西尔和布洛赫首次观测到宏观物质核磁共振信号,他们两人为此获得了1952年诺贝尔物理学奖。瑞士科学家恩斯特,发明了傅立叶变换核磁共振分光法和二维、多维的核磁共振技术而获得1991年度诺贝尔化学奖。波谱学家库尔特·维特里希教授由于"发明了利用核磁共振(NMR)技术测定溶液中生物大分子三维结构的方法",而分享了2002年诺贝尔化学奖。

2003年诺贝尔生理学或医学奖授予美国的劳特博和英国的曼斯菲尔德,因为他们发明了磁共振成像技术。该项技术可以使人们能够无损伤地从微观到宏观系统地探测生物活体的结构和功能,为医疗诊断和科学研究

你所不知的基因密码

提供了非常便利的手段。

  万花筒

磁和金属不能混合

任何金属物质都可能会受到核磁共振影像强烈磁性的影响或者被吸住。这些物质包括您的手表、硬币、钥匙、发夹、信用卡、小刀等等。您还应该确保把皮肤上的金属薄片或者银器合理地清除干净，包括那些因为在金属修整或磨制设备的环境中工作而造成的遗留于眼部或身上的金属碎片。

 小知识——核磁共振成像的优点

◆在作核磁共振检查的时候，这些金属物件可一定要拿出来呀

核磁共振成像所获得的图像非常清晰精细，大大提高了医生的诊断效率，避免了剖胸或剖腹探查诊断的手术。由于MRI不使用对人体有害的X射线和易引起过敏反应的造影剂，因此对人体没有损害。MRI可对人体各部位多角度、多平面成像，其分辨率高，能更客观更具体地显示人体内的解剖组织及相邻关系，对病症能更好地进行定位定性，对全身各系统疾病的诊断尤其是早期肿瘤的诊断有很大的价值。

健康福音——医疗技术的发展

检测药物中毒和药物代谢的放射免疫分析法

人的生、老、病、死是与生物分子如蛋白质、肽、脂类、多糖、核酸、激素、维生素和矿物质等联系在一起的。随着生命科学的发展，痕量分析技术的需求日益扩大，科技的发展带来了新的技术，为科学的发展提供了"武器"，放射免疫分析法的发明是痕量分析技术的一个里程碑。

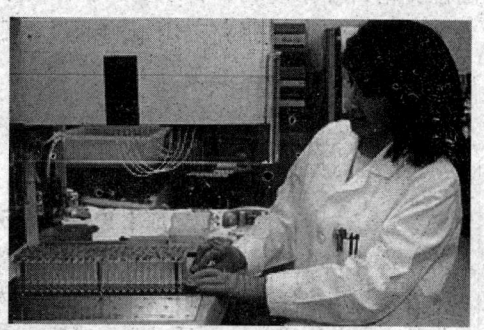

◆研究人员正在使用放射免疫分析仪器

女医学物理学家——罗萨林·耶洛

罗萨林·耶洛是美国著名女性医学物理学家，1977年诺贝尔生理学或医学奖获得者。耶洛在20世纪50年代初与同事贝松专门研究放射性同位素的各种医学应用，到50年代中期，他们提出形成胰岛素抗体的免疫反应观点。1959年，她通过把放射性同位素跟踪技术和免疫学结合起来的方法，发明了放射免疫分析法。

◆耶洛（1921～）和她的学生在一起

这种放射免疫分析法的灵敏度极高，可以测出低浓度的物质，而且简便易行，很快得到临床应用。

耶洛是位事业心很强的女性，她在取得了一项又一项的科研成果后，

"领先一步学科学"系列

你所不知的基因密码

又向自己提出了挑战。在 20 世纪 60 年代，她进一步发展了放射免疫分析法的用途，从内分泌学的领域扩展到病毒学领域，为许多疑难疾病的诊断和医治提供了重要依据，为医学科学的进一步发展奠定了基础。

耶洛的科研成果引起了美国和世界医学物理学界广泛关注，声望日益提高。1973 年，她被提升为著名的贝松研究实验室主任，被 10 多所大学授予名誉博士称号。1977 年，她因放射免疫分析法的成就和贡献，与另外两位美籍科学家沙利和吉尔曼共获诺贝尔生理学或医学奖。她现在已近 80 岁了，仍不懈地作研究。用她的话说，要把更多的研究成果公布出去，让世人使用，让世人更健康。

科技导航

放射免疫分析法的用途

放射免疫分析法是将检测放射性的高灵敏度与抗体抗原结合反应的惊人的特异性结合在一起的微量分析法，优点是灵敏、特异、简便易行、用样量小。在药理学方面可以测定吗啡、氯丙嗪、苯妥英钠等，是检测药物中毒和药物代谢的一个比较迅速和简便的方法。

名人介绍——罗萨林·耶洛生平

◆耶洛总是孜孜不倦地工作着

耶洛 1921 年出生于纽约的一个犹太人家庭，父母是犹太移民，在纽约开设一家商店维持生计。耶洛是位纯洁的犹太女子，从小勤学守纪，读书成绩优异。17 岁进入纽约市亨特学院学习，后进入伊利诺伊大学攻读研究生，1945 年成为该大学第一位物理学博士学位的女性。1946 年，她应母校亨特学院之聘，到该校任教。她在教学之余坚持艰

健康福音——医疗技术的发展

苦研究工作，学识增长很快。1947年，她受邀兼任布朗克斯退伍军人管理局医院核医学顾问。她在亨特学院任教至1950年初，后转到布朗克斯医院工作，任该医院放射性同位素科副主任，从此，她全力投入研究工作中去。

你所不知的基因密码

诊断与治疗心血管疾病的心脏导管术

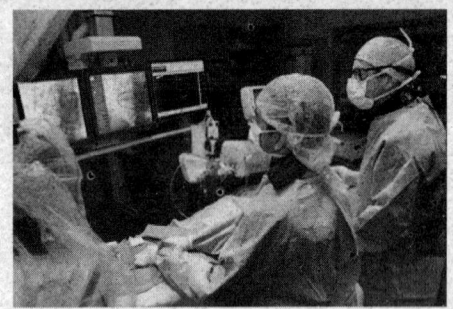

◆做心脏导管术时,医生需要时时监控导管位置

心脏导管术是一种新型诊断与治疗心血管疾病的技术,经过穿刺体表血管,在X射线的连续投照下,送入心脏导管,通过特定的心脏导管操作技术对心脏病进行确诊和治疗的诊治方法,它是目前较为先进的心脏病诊断方法,进展也非常迅速,它介于内科治疗与外科手术治疗之间,是一种有创的诊治方法。

敢为人先的福尔斯曼

◆沃纳·福尔斯曼(1904～1979年)

1929年,25岁的福尔斯曼在一家医院里担任外科助理医生,他一直在思考着一个问题:在紧急手术的情况下,为了更有效地进行抢救,能否利用橡皮导管通过静脉管道,将急救的药物直接送到右心房内。这年的一个夜晚,福尔斯曼说服了同伴,帮助他进行一次冒险试验。他切开肘窝静脉,将一根细长的管子从自己的右臂静脉导入自己的心脏,以观察心脏各腔室内压力的变化及心脏排血功能的情况,当导管插入有0.3米深的时候,本来就信心不足的朋友连声说:"不行,这样太危险!"坚决中断试验。福尔斯曼怎样苦苦哀求都无

健康福音——医疗技术的发展

济于事,第一次试验就此半途而废。一个星期后,福尔斯曼决心再在自己身上试验一次。这次没有人帮助,为解决这个困难,他请护士拿一面镜子,站在X光荧光屏前面,自己在荧光屏后面进行操作。通过镜子的反射,看到荧光屏上的显示。橡皮管沿他的静脉前进,经腋及锁骨下静脉,进入上腔静脉;推进到64.77厘米时,进入右心房。他不惧危险,跑上二楼,拍下了人类第一张心脏导管的X光照片。他以自己的勇敢和毅力,发明了心脏导管术,为研究循环系统的病理变化开辟了新途径。后来美国医学家柯尔南德和迪金森·理查兹重复并改进了这项技术,使它在临床上得到

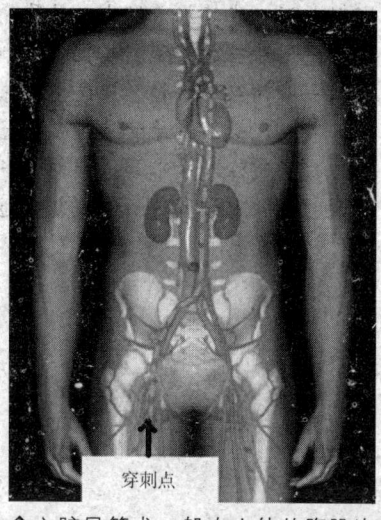

◆心脏导管术一般在人体的腹股沟开一个小孔,然后将导管送至心脏

推广。至1945年,心脏导管插入术已积累了1 200次临床检查经验,并实现标准化。福尔斯曼与柯尔南德、理查兹三人同获1956年诺贝尔生理学或医学奖。

 小知识——"架"起生命希望

心脏"介入"最初只是一种诊断手段,20世纪50年代末和60年代初,科学家开始探索将它用于治疗。首先,应用于临床的是安装心脏"起搏器"。经过静脉将导管电极放置到右心室进行单心室起搏,再发展到右心房进行房、室顺序的起搏,将导管电极置入冠状静脉窦,也可起搏左心室进行双心室起搏。

革命性的一刻发生在1977年——世界上首例经皮腔内冠状动脉成形术。就职于瑞士苏黎世的德国医生安德烈亚

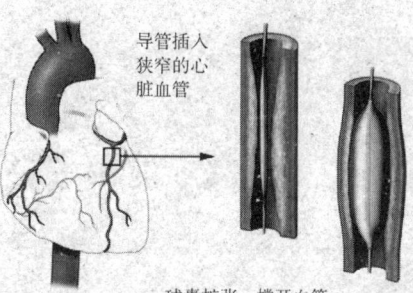

◆球囊扩张可以挽救千千万万的心绞痛、心肌梗死患者

 你所不知的基因密码

格林特齐一直梦想着做出一种导管能够用于冠心病的治疗，为了圆梦，他甚至把自家的厨房当成了试验车间，试制各种模型。1975年，他终于成功发明了一种带有气囊的双腔导管。用这根特殊设计的心导管，从股动脉（现在又有桡动脉路径）插入，最终将导管放到心脏冠状动脉狭窄的部位，然后将导管末端的塑料气球（球囊）注入盐水和造影剂。当"气球"胀起，便把造成血管狭窄的粥样硬化斑块挤压入血管壁，血流恢复畅通，达到治疗冠心病"心绞痛"、抢救"心肌梗死"的目的。

健康福音——医疗技术的发展

器官移植

器官移植是20世纪人类医学史上几个最伟大的进展之一。器官移植在20世纪以前一直是人类的梦想。在20世纪初期，医学界对治疗那些身体某个器官功能严重衰竭的患者依旧束手无策。由于受种种客观条件的限制，器官移植在当时只是停留在动物实验阶段。到了20世纪50年代，世界各地的医生开始进行人体试验，随着抗排斥药物的合成，器官移植得到了蓬勃的发展。

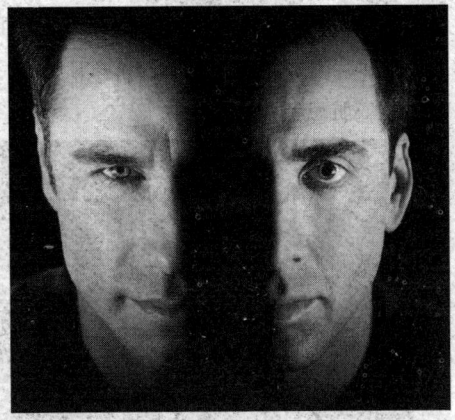
◆电影《变脸》里的变脸情节可能会变为现实

器官移植发展史

大约在公元前600年，古印度的外科医师就用从患者本人手臂上取下的皮肤来重整鼻子。这种植皮术实际上是一种自体组织移植技术，它和此后的异体组织移植术成为今天异体器官移植手术的先驱。

器官移植比组织移植复杂得多，难度也更大。现代的器官移

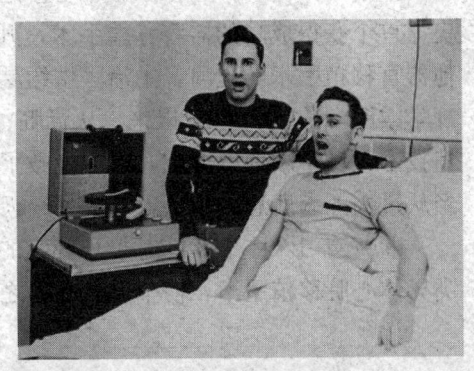
◆罗纳德（左）捐肾给哥哥理查德

105

你所不知的基因密码

◆1967年11月3日巴纳德医师领导的小组把一名死于车祸者的心脏移植给一位心脏患者

植历史应该从美籍法国外科医生卡雷尔的工作算起。1905年他把一只小狗的心脏移植到大狗颈部的血管上，并首次在器官移植中缝合血管成功。结果小狗的心脏跳动了两个小时，后由于血栓栓塞而停止跳动。这位最早尝试移植心脏的先驱者，因他的多项研究成果而荣获1912年诺贝尔生理学或医学奖。

1954年12月23日，在美国波士顿布里格翰和妇女医院进行的一场为时

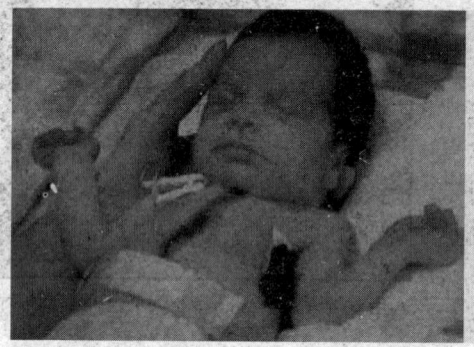 

◆刚做完心脏移植手术的婴儿被医生放入特别护理箱内（左），1984年美国医生将一颗狒狒的心脏移植到出生两周的女婴体内（右）

5.5小时的手术，不但成功地令理查德多活了8年，而且也成为人类医学史上首个获得成功的器官移植手术，开创了人类肾脏、心脏、肝脏以及其他器官移植手术的先河。主治医生约瑟夫·默里在1990年获得了诺贝尔生理学或医学奖。60多年以来，从肾脏、肝脏到心脏移植，医学界在器官移植技术领域不断取得突破，迄今挽救了10余万人的生命。器官移植手术已经从过去匪夷所思的神话，变成了今天寻常可见的现实。

1967年12月4日，南非开普敦的巴纳德医师，首次成功地完成了人类异体心脏移植手术，使全世界都为之惊慌与兴奋。

健康福音——医疗技术的发展

器官移植中难度最大的是脑移植。瑞典的一家医院在征得帕金森氏病重症患者的同意后，对其实施了脑组织移植手术，术手后症状出现一定程度的减轻。但这还不是大脑器官的移植，脑移植比其他脏器移植的难度大得多。

链接——器官移植的里程碑

1990年度诺贝尔奖颁奖大会上，诺贝尔医学奖授予给了约瑟夫·默里和唐纳尔·托马斯，因为他们的重大贡献——发明一种治疗疾病的新方法即细胞和器官移植。

默里首次成功地在双胞胎之间移植了肾脏。之后他又从死人体内取出肾脏，有效地用于治疗肾功能衰竭的患者。在他以后，器官移植的领域又扩展到肝脏、胰腺

◆约瑟夫·墨里和唐纳尔·托马斯因发明器官移植荣获1990年诺贝尔生理学或医学奖

以及心脏。托马斯则首次成功地在不同个体之间移植了骨髓，因此可以治疗一些严重的遗传性疾病，如地中海贫血，和一些免疫性疾病如白血病和再生障碍性贫血。

器官移植的可行性，可以使上万种严重的疾病得到控制甚至治愈，为医学更好地服务于人类开辟出一个新的领域。

器官在体外也能存活

卡雷尔是法国医生，实验生物学家。1873年6月28日生于法国里昂，1900年获里昂大学医学博士学位，并在里昂大学做了两年尸体解剖工作。

你所不知的基因密码

◆现在有各种大小的细胞培养器皿

第一次世界大战期间回到法国参与研究出用杀菌剂冲洗伤口、治疗创伤的卡雷尔达金氏法。他因发现一种缝合血管的方法和在组织培养上的杰出贡献而获得1912年诺贝尔生理学或医学奖。

他毕生研究体外培养活组织的方法并用之于外科手术。他有丰富的无菌外科知识，他做组织培养〔见组织和细胞培养（动物）〕如同做外科手术一样细心，因而在尚未有抗菌素的条件下他培养的一块鸡胚心肌组织生存了34年之久。他的工作揭示了离体的动物组织在适当培养条件下，和原生动物或微生物一样，具有近乎无限生长和繁殖的能力，也证明组织培养是一种研究活细胞和活组织的好方法。他和伯罗斯协作（1911）发现胚胎提取液对某些细胞有强的促进生长作用，于是用胚胎提取液凝集血浆的技术在几个实验室得以推广应用。在悬滴培养的基础上，1923年他设计了用卡氏瓶培养，改善了细胞生存环境，简化了许多维持长期培养的操作，并可较大量地培养细胞，从而有利于化学分析，使组织培养进入一个迅速发展的阶段。在卡氏瓶的基础上，后人又设计出多种类型的培养瓶，从20世纪40年代起已逐步过渡到用瓶子进行组织培养。

双手的移植

28年前露西娅在学校化学实验课的意外爆炸中失去双手。2006年12月28日西班牙医生为她缝上一名妇女捐献的双手。那位妇女几小时前刚刚在一起车祸中不幸遇难。手术非常成功。露西娅的双手在手术后6个月里渐渐获得感觉。

健康福音——医疗技术的发展

 广角镜——"变脸"将成为现实

脸部移植手术是目前移植技术领域里最前沿性、也最富争议性的话题。目前，有医学专家声称已经掌握了"变脸"技术。但是，"变脸"所引发的一系列复杂的社会道德争议，已经远远超越了"身份"和"外表"两个问题，这令医学界迟迟不敢做出第一步尝试。

美国路易斯威尔大学与荷兰乌德勒支大学的专家计划进行合作，在荷兰实施全球首例人类"变脸"手术。目前专家小组正在不断完善手术方案，希望能够获得监管机构的许可。根据计划，医生将从尸体上摘除脸部组织，然后缝在因为意外、绝症或者先天缺陷而毁容的患者的脸上。当

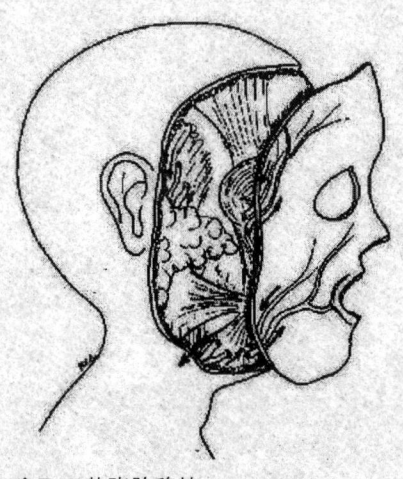

◆取下整张脸移植

然，"变脸"手术在操作上也会带来许多实际的问题。捐献者与患者在性别、年龄、肤色和肤质上需要尽可能的接近。而患者本身的脸部肌肉得以保存多少，也是其容貌的决定性因素。

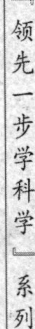

揭开生命活动的奥秘

——人体生理学

  杂技演员一面在高架钢丝上走一面玩杂耍,平衡功夫令人击节赞赏,可是若与人体日复一日保持健康的平衡功能相比,简直算不了什么。为了达到平衡,人体内有极复杂精巧的协调机制。

  20世纪生命科学进入一个新的发展阶段,对各种生命现象的研究从整体的宏观到分子水平的微观,以实验的、物理的、化学的、数学的……研究生命的科学正以各种手段蓬勃地发展。

  生命究竟是怎样产生的这个古老的问题尽管至今还难有满意的答案,然而越来越多的生命之谜已经或者正在科学家手中逐步揭开。生命科学的发展也为人类的生存和发展带来了种种好处,并越来越显示出其日益重要的作用。以诺贝尔生理学或医学奖的获得者为主的科学家们,对探索生命的奥秘做出了重要的贡献。

揭开生命活动的奥秘——人体生理学

巴甫洛夫与条件反射学说

从1888年开始,巴甫洛夫对消化生理进行研究。通过坚持不懈的努力,发现了条件反射学说。为此,他于1904年获得了诺贝尔奖的生理学或医学奖。85岁那年,他得了肺炎,在病中还不忘观察和记录自己的病情。巴甫洛夫逝世后,苏联政府在他的故乡建造了巴甫洛夫纪念馆,并设立纪念碑,巴甫洛夫及其学说永远留在全世界人民的心中。

◆为纪念这位伟大的科学家而发行的邮票

腰上的喂食铃带来的诺贝尔奖

巴甫洛夫的父亲是位牧师,所以最初时他在神学院学习,后来中途退学,到医学院学习生理学。在医学院,他常用狗来研究神经对心脏功能的调节作用。他几乎天天喂狗,看着狗一边流口水,一边津津有味地咀嚼着食物。有一天,他因别的事到狗舍去,狗一看到他便摇头摆尾,嘴里流出大量口水,似乎在催他快点喂食。巴甫洛夫对不喂食也产生唾液的现象觉得很奇怪,这是为什么呢?谁知当他再一次不拿食物去狗舍时,狗却不再流口水了。他感到更奇怪了,第一次流,第二次为什么不流了呢?经反复回忆和思索,他发现第一次去时自己身上带着喂食用的铃,第二次没有,仅这一点区别。在当时的俄国农村,人们在喂食时习惯用铃来招呼家畜。

你所不知的基因密码

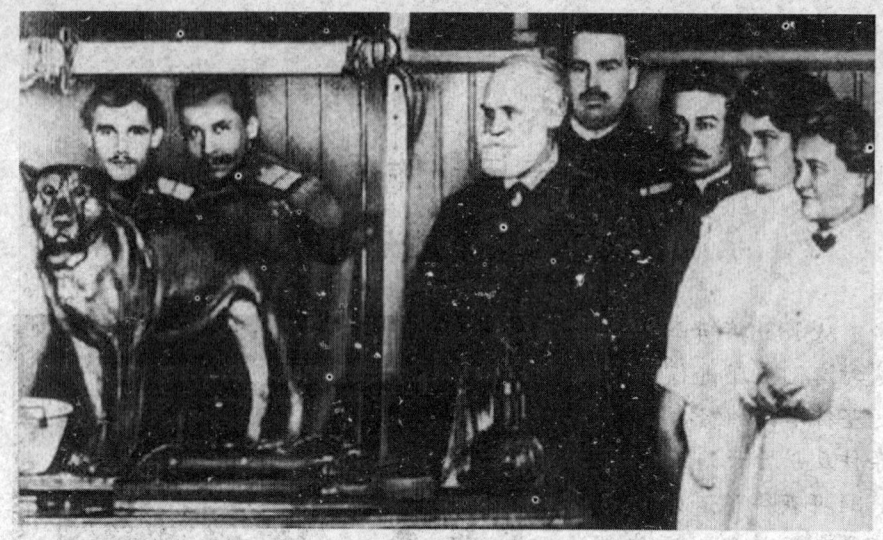

◆巴甫洛夫和他的助手正在进行狗的实验

于是，他有意只带铃不带食物去了狗舍，果然狗又流着口水催他喂食了。巴甫洛夫恍然大悟，原来，狗把喂食前的铃声当作喂食的"附加条件"了。铃声一响，一定是"开饭"了，它的口水便流了出来。

这个不起眼的发现，引导巴甫洛夫从唾液和胃液的"心理性"分泌入手，系统地对大脑皮质和大脑两半球的生理活动进行独创性的研究，并第一个提出了反射概念，建立了高级神经活动学说，即大脑皮质的条件反射学说。

 历史趣闻

发现源于细心观察

在巴甫洛夫之前，不少人在做动物实验时碰到过这种"附加条件"现象，但只有他注意到这个现象。所以大家与其羡慕他的运气，不如羡慕他对狗的观察力。我想，这也是他与别人的不同之处吧。在动物实验中，忽略了类似这种没有被注意到的"附加条件"，其实验结果十有八九要导致错误的判断。

揭开生命活动的奥秘——人体生理学

 点 击

　　条件反射学说为大脑皮质生理学开辟了新的研究领域，并为心理学奠定了生理学基础。为此，巴甫洛夫荣获1904年诺贝尔生理学或医学奖。

 广角镜——巴甫洛夫在心理学方面的成就

　　巴甫洛夫在心理学界的盛名首先是由于他关于条件反射的研究，而这种研究却始于他的老本行——消化研究。正是狗的消化研究实验，将他推向了心理学研究领域，虽然在这一过程中他的内心也充满了激烈的斗争，但严谨的治学态度终于还是使他冒着被同行责难的威胁，将研究引向了当时并不那么光彩的心理学领域，而后来，该项研究的成果又被行为主义学派所吸收，并成为制约行为主义的最根本原则之一。巴甫洛夫对心理学界的第二大贡献在于他对高级神经活动类型的划分，而这同样始于他对狗的研究。他发现，有些狗对条件反射任务的反应方式和其他狗不一样，因而他开始对狗进行分类，后来又按同样

◆巴甫洛夫纪念碑

的规律将人划分为4种类型，并和古希腊人提出的人的4种气质类型对应起来，由此，他又向心理学领域迈进了一步。

 你所不知的基因密码

巴甫洛夫的生平

◆伊万·彼德罗维奇·巴甫洛夫

◆巴甫洛夫在他的实验室

1849年9月26日，巴甫洛夫出生在俄国中部小城梁赞，他的父亲是位乡村牧师，母亲替人家做饭补贴家用。

巴甫洛夫自小学习勤奋，兴趣广泛。由于他父亲喜欢看书，家中有许多像赫尔岑、车尼尔雪夫斯基等人的进步著作，在父亲的影响下，他一有空就爬到阁楼上，读父亲的藏书。尽管巴甫洛夫出身于宗教家庭，但他本人并不想像父亲一样一辈子当一个牧师，也不相信上帝的存在。21岁那年，他和弟弟一起考入彼得堡大学自然科学系。他和弟弟尽管在大学里学习成绩优异并且年年获得奖学金，但是生活还是比较清贫，需要给别人做家庭教师才能维持日常生活。为了节省车费，他们每天都要步行走很远的路。巴甫洛夫在大学里以生物生理课为主修课，老师很欣赏他的才学，常常叫他做自己的助手。巴甫洛夫不懂就问，每次手术都做得又快又好，渐渐地有了名气。巴甫洛夫四年级时在老师的指导下和另一个同学合作，完成了关于胰腺的神经支配的第一篇科学论文，获得了学校的金质奖章。

1875年，巴甫洛夫获得了生理学学士学位，成为了自己老师的助教，同年他又考上了圣彼得堡的大学医学院。1878年，他应俄国著名临床医师波特金教授的邀请，到他的医院主持生理实验工作，实验室听起来好听，

揭开生命活动的奥秘——人体生理学

其实就是一间破屋子，它既像看门人的住房，又像一间澡堂，巴甫洛夫却在这里工作了十余年。巴甫洛夫后来研究血液循环和神经系统对于心脏的影响。1833年写成"心脏的传出神经支配"的博士论文，获得帝国医学科学院医学博士学位、讲师职务和金质奖章。

> 巴甫洛夫学习十分刻苦，为了使实验做得得心应手，他不断练习用双手操作，渐渐地相当精细的手术他也能迅速完成。

领先一步学科学 系列

 你所不知的基因密码

肌肉是如何工作的

人体全身的肌肉共约639块。约由60亿条肌纤维组成，其中最长的肌纤维达60厘米，最短的仅有1毫米左右。每条肌纤维收缩时可产生0.981~1.962毫牛的力，如果把全身639块肌肉合在一起同时收缩，可产生约25吨的力。但是你知道肌肉是如何工作的吗？肌肉为什么会产生收缩呢？活动多了，肌肉为什么会酸痛呢？带着这些问题，我们来看看科学家们是怎样研究的。

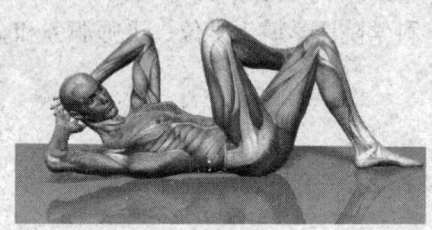
◆人体的肌肉示意图

希尔的经典实验

◆阿奇博尔德·维维安·希尔

阿奇博尔德·维维安·希尔（1886~1977年）是英国生理学家，也是生物物理学与运筹学中分支学科的建立者之一。他发现了肌肉内热量的产生和氧气的使用，因此获得1922年的诺贝尔生理学或医学奖。

1886年9月26日，阿奇博尔德·维维安·希尔出生于布里斯托。1909年，他毕业于剑桥大学。获得学位后，希尔继续在剑桥大学从事生理学研究，直到1914年第一次世界大战（1914~1918年）爆发。希尔入伍服役，研发防空武器，军衔一直升到少校。1918年，他被

揭开生命活动的奥秘——人体生理学

封为爵士,并当选为英国主导的科学机构皇家学会会员。

1920年,希尔成为曼切斯特大学的生理学教授。他用青蛙腿上的肌肉做实验,并用人来研究肌肉运动时热量的产生和氧气的消耗。他的实验需要测量仅仅持续不到1秒的温度发生的极其细微的变化。希尔和迈尔霍夫的研究使得人们对这些肌肉运动的过程有了科学认识。

◆用青蛙腿上的肌肉做实验发现了肌肉运动时温度的变化和能量的代谢

 小知识——肌肉活动会产生乳酸

1922年同希尔一起获得诺贝尔生理学或医学奖的还有德国生物学家迈尔霍夫,他独立研究了肌肉内乳酸的产生。

迈尔霍夫精细地进行了一系列实验后指出,在所消失的糖原同所出现的乳酸之间存在着一定数量的关系,而且在此过程中并不消耗氧。活动肌肉中所发生的是厌氧的(糖原)酵解作用。迈尔霍夫还证明,如果肌肉在活动之后休息,则一部分乳酸被氧

◆剧烈运动后会发现小腿酸痛,这就是由于肌肉运动时发生乳酸堆积而导致的

化。通过这一方式形成的能量,使大部分乳酸再转变为糖原成为可能。迈尔霍夫所获得的成果开创了新的研究领域,这就是通常以迈尔霍夫本人和他的一位同事的名字命名的"恩布登—迈尔霍夫路径"。由于这一成果,迈尔霍夫和希尔分享了1922年诺贝尔生理学或医学奖。

"领先一步学科学"系列

你所不知的基因密码

与维生素C擦肩而过的圣乔其

◆匈牙利—美国生物化学家——圣乔其

圣乔其,匈牙利—美国生物化学家。1893年9月16日生于匈牙利布达佩斯。他出生于著名科学家的家族中,不过他自己起初并不是一个才华出众的学生,然而在中学毕业时他却获得了最高荣誉。1917年他在布达佩斯大学取得医学学位。20世纪20年代,他于柏林在米凯利斯指导下学习。1927年他在剑桥大学获得哲学博士学位,1932年他回匈牙利任塞格德大学校长。1928年当圣乔其还在剑桥霍普斯实验室工作时,他从肾上腺中分离出一种物质(他当时正在研究肾上腺的功能)。这种物质很容易失去也很容易重新获得氢原子,因此是一种氢的载体。因为从这种物质的分子看具有六个碳原子,所以圣乔其称之为己糖醛酸。他也从甘蓝和柑橘中获得了这种物质,这两种植物都含有丰富的维生素C。他推测这种物质可能实际上是一种维生素。不过在这一点上他落后了一步,因为其他科学家已经在1932年报告分离出了维生素C,并发现它和己糖醛酸完全相同。所以圣乔其和维生素C的发现失之交臂。但是在维生素研究中,他还是作出了自己的贡献。他研究了机体中如何利用抗坏血酸的问题,并指出匈牙利红辣椒含有丰富的抗坏血酸(圣乔其在塞格德工作,该地盛产红辣椒)。1936年,他分离出某些黄酮,它们具有改变毛细管渗透性的特性,即改变物质通过毛细管壁的能力的特性。尽管这些物质是否维生素还未完全确定,但至少在一段时间里它们被称为维生素P。

揭开生命活动的奥秘——人体生理学

 人物志

反法西斯斗士——圣乔其

第二次世界大战期间，圣乔其参加反法西斯的秘密活动，并遇到很大的危险。大战结束后匈牙利由苏军占领，圣乔其感到自己赢得了一点安宁。进入老年时他并未减少对人类的深切关心，当他度过自己第八个十年时，他仍然响亮而坚强地说出了反对战争狂的话语。

 链接：肌肉是怎样收缩的？

在维生素的研究结束后，圣乔其开始探索肌肉收缩的化学机制。他发现肌肉蛋白质是由互相疏松地束缚着的两部分组成的，这两部分就是肌动蛋白和肌球蛋白，两者合称肌动球蛋白。他确立了关于肌肉收缩的机制，通过

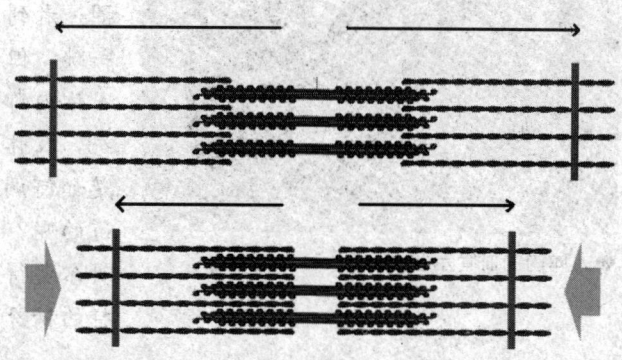

◆肌肉收缩示意图，上图为收缩前，下图为收缩后

这种机制，三磷酸腺苷（ATP）——一种具有李普曼的高能磷酸键的化合物——开始变化，从而导致肌肉收缩。不过他的观点并不是最后的结论，问题还远远没有解决。1961年，人们已经发现胸腺与机体免疫能力的建立有关。圣乔其从胸腺中分离出了若干种物质，它们似乎对生长具有某种控制作用。正是由于圣乔其不懈地努力工作，特别是有关维生素、肌肉运动的成果，他获得了1937年的诺贝尔生理学或医学奖。

解密血管对人体的调节作用

◆人体内的血管示意图

先来看一组数据：每平方人体皮肤包含约6米血管，血管总长10万千米以上，如果全部首尾相接，可以绕地球2.5圈。看到这个数据可能你会吓一跳，但是这就是事实，每个人体内都有如此丰富的血管系统，人体这台精密的"仪器"是如何调控这些运输血液的通道的呢？下面就让我们看看诺贝尔奖得主在研究中发现了怎样的秘密。

在微小血管上做文章的科学家

欧古斯特·克罗格，1920年因发现血管在运动时的调节机理而荣获了诺贝尔生理学或医学奖。而这个机制的发现为组织学、生理学、病理学及临床医学奠定了重要的里程碑。

1897年，克罗格在当时闻名的克利斯特·柏赫身边担任助教一职。在这段日子里，他的实验天分逐渐展露出来。身为他的恩师的柏赫，

◆欧古斯特·克罗格

揭开生命活动的奥秘——人体生理学

亦对克罗格的才能感到吃惊,克罗格能够设计简易的方式来进行实验,更令人讶异的是实验所需的装置都能现场即时制作,并且设计精巧和能有效进行实验。尽管当时的克罗格仍是个年轻的小伙子。

克罗格与恩师柏赫共事的这一段时间里,在生理学上树立了不少典范,例如在1902年两人共同发表的论文提出二氧化碳会减少血红素携氧量的现象。其中基础理论是由柏赫所建立,这得归功克罗格所设计的装置,拜此装置之赐使得测量血液中二氧化碳的含量成为可能。这些成就,使得这两人关系日益密切,不过原本相得益彰的两人却于1907年分道扬镳了。

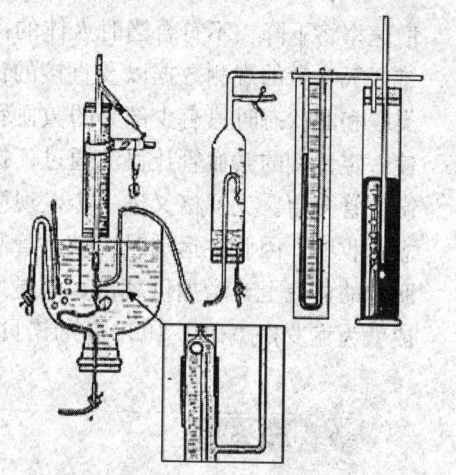
◆克罗格用自制的仪器来测量血液中二氧化碳含量

1906年克罗格证实了血液和肺泡间的氧气含量没有差别,这在当时是举足轻重的大发现,但这并没有使他获得诺贝尔奖。后来克罗格选择了微血管作为他的研究素材。在当时,对于微血管的研究并不多,有些科学家提出过微血管会受到外界的刺激而变化,除此之外则无更新的发现。自克罗格之后,整个生理学界对微血管的认识才有了重大的改观。

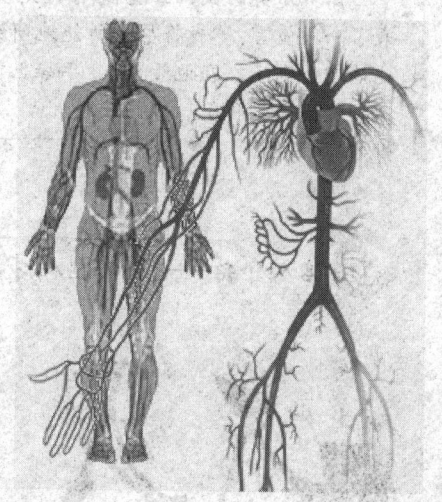
◆人体是一个巨大的血管网络系统

人体在进行运动时,对氧的需求量会大增,尤其是肌肉,问题就在于氧气的供给是如何增加的。微血管的存在为人所知已有250年,人们普遍相信微血管是完全开放的,在运动时其中血液的流速将随之提升。不过克罗格利用数理计算分析的结果反驳了这一项在当时人人相信的"真理",克罗格指出在运动中微血管的流速不应太快,因为在高流速下,氧气的扩

你所不知的基因密码

散速率将下降,不符合当时人体的需求。此外,他发表了微血管和肌肉纤维氧气含量的观测数据以及直接的证据——组织切片,显示出在休息这一类缓和的状态时只有少部分的微血管是开放的,实际上微血管不断地开合使一定比例的微血管让血流通过,提供组织氧气,而在运动时则有更多的微血管开启。克罗格又进一步发现微血管甚至在口径上有变化也会进行独立的收缩。因此在运动时,微血管利用提高开放的比例和口径,使得流入肌肉的血液上升增加供氧量,但是这部分血液流速与休息状态无异。这个成就为克罗格赢得了1920年的诺贝尔生理学或医学奖。

 万花筒

勤奋的克罗格

诺贝尔奖的获得丝毫没有对克罗格产生任何影响。他在获奖的同时发表了一段宣言:"我将尽我所能地研究,以报答造就我的卡罗莱斯卡学会。"他确实做到了,在他于1949年辞世前,克罗格以一名学者的身份将他自身奉献在他的工作上。

名人介绍——全能型人才

◆1913年8月克罗格设计的自动控制脚踏车

除了在学理研究上的贡献,克罗格亦在许多方面展露了他过人的才华。1997年,在斯德哥尔摩举行的第十六届北欧医学史研讨会上,哥本哈根医学史博物馆顾问欧尔·穆克博士对欧古斯特·克罗格下了一段注解:"我们正面对着一位万事皆通的天才,无论是脚踏车到回旋磁力加速器、气体分子扩散理论到钠离子主动运输,还是说高等生理学到胰岛素的现世,我所能想到的都出自一人,丹麦最伟大的生物学家——克罗格。"

揭开生命活动的奥秘——人体生理学

发现动脉化学感受器

柯奈勒·海曼斯是比利时生理学家。1892年3月28日出生在比利时根特，父亲是根特大学的药理学教授。他在根特接受中等教育，1920年根特大学毕业获博士学位，1922年成为根特大学药物学讲师，不久被聘为客座教授。海曼斯的研究主要针对呼吸生理、血液循环、新陈代谢、药理等许多问题，研究结果，尤其是发现了化学感受器位于主动脉和颈动脉窦部，可以反射性地调节呼吸。为此获得了1938年诺贝尔生理学或医学奖。

海曼斯及其合作者还致力于生理学和脑神经、生理病理性高血压、肾动脉的来源的研究；研究肌肉血液循环等。

◆1938年诺贝尔生理学或医学奖得主——柯奈勒·海曼斯

他是个多产作家，自1920年写作论文约800多篇在不同的期刊上发表。从1945年到1962年，海曼斯到欧洲、北美、南美、非洲和亚洲许多大学发表演讲，在世界多所知名大学如纽约大学、哈佛大学、西方储备大学、芝加哥大学、三一学院、都柏林大学等讲课任教。海曼斯1921年5月结婚，有4个子女，18个孙辈，他的爱好是绘画、狩猎。1968年7月18日在克诺克海斯特去世。

点击

作为比利时委托执行特别任务的政府代表，世界卫生组织和国际科学联合会的成员，海曼斯曾前往伊朗和印度（1953）、埃及（1955）、刚果（1957）、拉丁美洲（1958）、中国（1959）、日本（1960）、伊拉克（1962）、突尼斯和喀麦隆（1963）等国。

你所不知的基因密码

从硝酸甘油到昔多芬（伟哥）

◆硝酸甘油可以有效地缓解心绞痛

1864年，诺贝尔以三硝酸丙三醇脂（硝酸甘油）及硅藻土为主要原料，制造出了安全炸药。安全炸药的工业化生产给诺贝尔带来了荣誉和金钱，使他得以创立科学界的最高奖项——诺贝尔奖。诺贝尔晚年患有严重的心脏病，医生曾建议他服用硝酸甘油以缓解心绞痛的发作，但诺贝尔拒绝了，因为早在研制安全炸药的实验过程中，诺贝尔就发现吸入硝酸甘油蒸气会引起剧烈的血管性头痛。1896年，诺贝尔因心脏病发作而逝世。

硝酸甘油可以有效地缓解心绞痛，但它的作用机制困扰了医学家、药理学家百

◆1998年三位诺贝尔生理学或医学奖获得者（左起：弗奇戈特、伊格纳罗、穆拉德）

余年，直到20世纪80年代才因为弗奇戈特、伊格纳罗及穆拉德这三位美国药理学家的出色工作而得以解决：硝酸甘油及其他有机硝酸酯通过释放一氧化氮气体而舒张血管平滑肌，从而扩张血管。由于这一发现，弗奇戈特、伊格纳罗及穆拉德获得了1998年诺贝尔生理学或医学奖。

揭开生命活动的奥秘——人体生理学

弗奇戈特、伊格纳罗及穆拉德通过深入研究硝酸甘油这种早在诺贝尔时代就已用于治疗心脏病的药物，发现一氧化氮是一种具有重要生理作用的信使分子，取得了举世瞩目的成就。至今，人们对一氧化氮的生理病理作用已经有了一定的了解，并根据一氧化氮对机体的调控机制发现了一些有效的药物，如昔多芬。

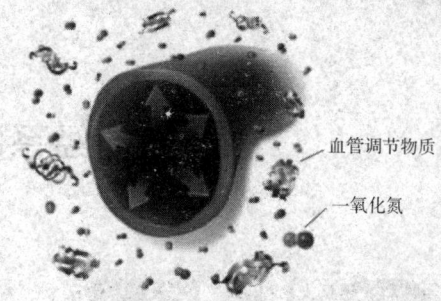

◆一氧化氮调节血管扩张与收缩

 小知识——一氧化氮的妙用

一氧化氮（NO）是体内气体讯息传递物质，NO存在的时间非常短，NO从某一细胞制造出来后，穿透细胞膜而到达另一细胞内控制该细胞的某些功能，各种细胞和组织不断地收发各种信号，例如告诉肌细胞何时收缩，指示脂肪细胞何时释放出所贮存的能量。机体内有很多的信号系统，它们调节着全身的血管网，将含氧血送到组织和器官当中，保持人体血压在适当的水平。各种信号选择性地使血管扩张或收缩，根据人体需要调节血流，例如饭后胃肠道的血流增加，肌肉在运动当中局部血流量也增加。

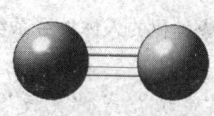

◆一氧化氮的结构图（左为空间结构，右为分子键结构）

揭开神经系统的秘密

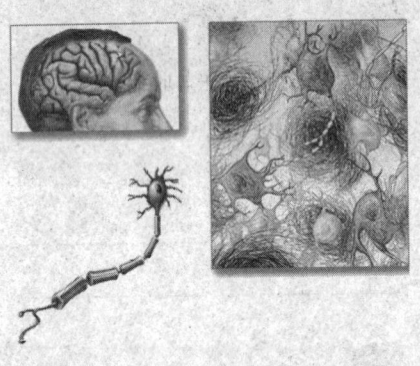

◆神秘的人体神经系统

是什么使人成为万物之灵？是什么让人类有了语言，懂得记录，知道学习，并创造出伟大的艺术？又是什么让人类成为这个星球上唯一懂得探寻和追求生命存在之意义的生命体？这都是因为我们有着一个神奇的大脑。神经系统是主宰生物全身各种运动和感觉的中心，由于神经系统的组织结构非常复杂，难以研究清楚，在19世纪以前的研究中，人们常常难免用"灵魂"或"灵气"之类的词汇来描述其功能。到了20世纪，一系列的科学研究为我们揭示了神经系统的奥秘。

神经元学说的创立

神经系统最基本的组成单元是神经细胞，又称神经元。它可分为三个部分：细胞体、树突和轴突。1873年，意大利细胞学家高尔基（1843～1926年）发明了著名的银渍法，使单个神经元的全貌得以通过染色在显微镜下看到。西班牙组织解剖学家卡哈尔（1852～1934年）改良了高尔基的神经染色法，系统地观察了中枢和周围神经系统，研究大脑皮质的灰质区，纠正了当时流行的神经组织是网络结构的说法，

◆意大利细胞学家——高尔基

揭开生命活动的奥秘——人体生理学

证明长的神经只在末梢才与另外的神经细胞接触,从而弄清了人体神经系统结构,提出神经元学说,认为信息从一个神经元的轴突传入另一神经元的树突,传导是单向的。由此建立了神经元理论。神经元理论的建立为以后的突触联系、神经化学传递等一系列神经生物学的深入研究开辟了道路。

以上两位科学家因为他们在神经系统方面做出的卓越贡献,而在1906年荣获诺贝尔生理学或医学奖。

◆工作中的西班牙组织解剖学家——卡哈尔

 小知识——高尔基的神经染色法

1871年,高尔基曾应邀去巴维阿大学义务讲授临床显微镜学,但是由于经济上的困难和他父亲的建议,他不得不在阿彼亚特格拉索绝症研究所申请了一个主治医生的职位。1872年,他被授予了这个职位。虽然患者的恶劣处境和临床医疗的实际条件使高尔基感到沮丧,但他仍在特别鼓励医

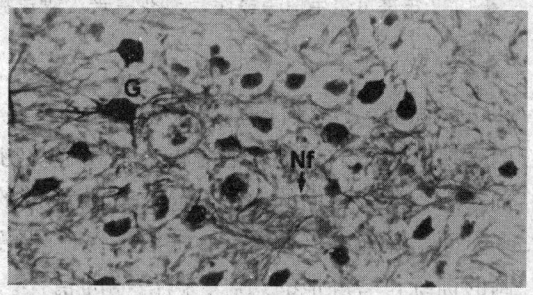

◆高尔基染色法染色的交感神经节,G表示多极神经元,Nf表示无髓神经纤维

生进行病理解剖的规章指导下继续从事他的研究。显微神经解剖学技术的局限促使高尔基创建了黑色反应技术。利用玻璃片染色所提供的清晰度,高尔基开始了一项描写神经解剖的研究计划。1883年,他提出了神经的结构和功能的一般理论。他继续进行精神病病理学方面的研究,并利用他的染色技术来显示在患病的神经细胞中出现的变化。

你所不知的基因密码

阿德里安和谢灵顿

◆1932年诺贝尔生理学或医学奖获得者：谢灵顿（左）和埃德加·D·阿德里安（右）

  埃德加·D·阿德里安（1889～1977年）小时候就对生物学方面的问题表现出浓厚的兴趣，他对小虫子和小动物非常好奇，常常对它们进行解剖，想弄清楚它们的内部构造。阿德里安的父母非常注重他的全面发展，多方面培养他的兴趣爱好，他们不仅让阿德里安学习剑术，还对他进行绘画的训练，磨炼他的意志、陶冶他的情操。20世纪20年代，阿德里安发表了阐述其研究成果的专著《感觉的基础》，提示了所谓"入芝兰之室，久而不闻其香；入鲍鱼之肆，久而不闻其臭"的感觉适应现象，这部经典性的著作为感觉生理学奠定了神经信息分析生理学的基础，后来他又与美国学者合作研究，把神经与肌肉的电反应转变为可听的声音，这一成功至今还被广泛应用于肌肉疾病的检查中。1932年阿德里安荣获诺贝尔生理学或医学奖。

揭开生命活动的奥秘——人体生理学

神经生理学的新纪元

阿德里安利用弦线电流计首次在单根神经纤维上记录到电活动,即神经冲动。他发现神经元均以短暂的电脉冲群通过其纤维相互传递信息,这些脉冲大小不变,只是频率各异,最高可达每秒 1 000 次。这一普遍规律的发现,开创了现代神经生理学研究的新纪元。

发现控制心脏运动的物质

美国人戴尔和美籍德国人勒维共同合作,在 20 世纪 20 年代发现了神经冲动的化学传递物质——乙酰胆碱。

戴尔在组织毒素中发现裸麦角提取物中含有一种酷似毒蕈碱的物质,能在周围神经末梢引起副交感神经的各种效应,这种作用能被阿托品抵消。他把这种物质从裸麦角分离出来后,证明其为乙酰胆碱。

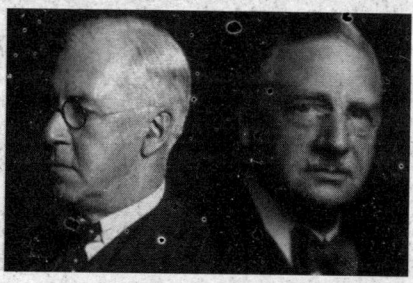

◆1936 年诺贝尔生理学或医学奖获得者:美国人戴尔(左)和美籍德国人勒维(右)

是否能把乙酰胆碱确定为神经冲动的化学递质,关键在于要在动物体内找到它的存在。这项任务由勒维出色地完成了。他的实验方法是:把青蛙的心脏(连带迷走神经)取出,用一玻璃管插入心脏,管内灌上生理盐水代替血液,这样心脏仍然跳动。用电刺激迷走神经则心脏的收缩就会减弱,然后立即将这个蛙心流出来的液体引入另一个蛙心内腔中。这第二个蛙心的迷走神经虽然未受到刺激,但受到第一个蛙心的迷走神经物质的作用,也会产生收缩减弱的效果。这里勒

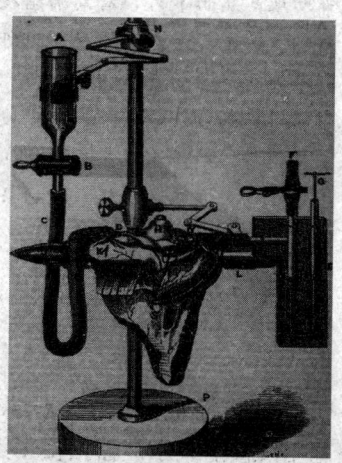

◆离体蛙心实验的装置

你所不知的基因密码

维所称的迷走神经物质就是戴尔在动物身上竭力要找的乙酰胆碱。动物身上存在着乙酰胆碱，这是客观存在的，发现了它并不等于完成了对真理的认识，这是必须经过再检验的。戴尔和他的合作者历经8年，在1936年终于查明神经—肌肉之间接点的传出递质作用是借助末梢释放的乙酰胆碱实现的。由此他俩获得了1936年诺贝尔生理学或医学奖。

 名人介绍——奥托·勒维生平

◆勒维和他的同事在实验室

奥托·勒维1873年6月3日出生于德国的法兰克福，父亲雅各布·勒维是个商人。1891年进入慕尼黑和斯特拉斯堡大学（斯特拉斯堡当时属德国）成为一名医学生。但他除了出席解剖学课程，很少去听医学讲座而更倾向于哲学，1893年首次考查勉强通过，直到1894年秋天才认真学习医学，1896年获法国斯特拉斯堡大学博士学位。毕业后从事无机分析化学工作。1897～1898年在法兰克福市医院作助理，然而不久，看到肺结核和肺炎的高病死率而缺乏治疗，他决心成为一名基础医学尤其是药理的科研工作者。1902年在伦敦斯塔林实验室里，他第一次见到了他的终身朋友亨利·戴尔（1875～1968年），后来与他分享诺贝尔奖。1904年在维也纳被任命为药理学教授，1905年获得奥地利国籍，1909年在格拉茨大学主持药学。第二次世界大战期间，德国入侵奥地利，1938年被迫迁到美国，1940年在纽约大学医学院任教授，1946年成为美国公民。1954年成为伦敦皇家学会的外籍成员。

拍摄人类神经

1944年的诺贝尔生理学或医学奖获得者——美国生理学家厄兰格和盖塞用阴极射线示波器拍摄了第一张神经电脉冲照片。他们将刚刚兴起的电子技术用于研究神经活动，发现了单一神经纤维的高度机能分化，为神经

揭开生命活动的奥秘——人体生理学

生理学的发展开创了新局面。

厄兰格 1906 年应威斯康星大学之聘,出任该学院生理学与生理化学系主任教授。在这里他发现了一位优秀的学生,这就是后来与他共同工作并分享诺贝尔生理学或医学奖的盖塞。1916 年,盖塞同厄兰格一起研究神经生理学。

神经兴奋时常伴有极其微弱、短暂而快速的电传导活动,用当时记录心电图的弦线电流计记录,会因仪器惰性较大而失真。盖塞和他的朋友纽考默一起安装了一台电子管放大器,可以把神经电脉冲放大 100 多倍,但仍无法减低弦线电流计的惰性。

正当厄兰格和盖塞煞费苦心寻找惰性更小的记录仪器时,美国西方电业公司新制成一种阴极射线管,这种射线管可用于他们的研究工作。盖塞提议买一台试一试,可是西方电业公司担心他们的专利权会受损害,拒绝卖给他们。于是,在厄兰格的指导下,盖塞用一个长颈蒸馏瓶改装成阴极射线示波管,并给示波管配上电子管放大器和扫描线路,终于清晰、准确地展示了神经的电脉冲。尽管在几次扫描之后管子的灯丝烧化了,但阴极射线示波管不失真地展示神经电脉冲这一事实,不仅鼓舞了他们,也惊动了西方电业公司。该公司决定把阴极射线示波器租赁给厄兰格实验室。虽然,租来的示波器只有 25 小时的保险寿命,电子注的光点也很弱,每拍一张神经动作电位的照片需要扫描许多次才行,但是他们终于破天荒地第一次拍下了这样的照片。

◆1944 年的诺贝尔生理学或医学奖获得者之一:约瑟夫·厄兰格

◆就是在这台庞大而又复杂的机器旁,两位科学家发现了神经电脉冲

 你所不知的基因密码

点击

　　1922年厄兰格和盖塞首次发表了一篇有关用阴极射线示波器记录神经动作电位的报告。这是医学史上首次记录了不失真的神经电脉冲，从而开辟了神经电生理学的新纪元。

 小知识——1963年诺贝尔生理学或医学奖

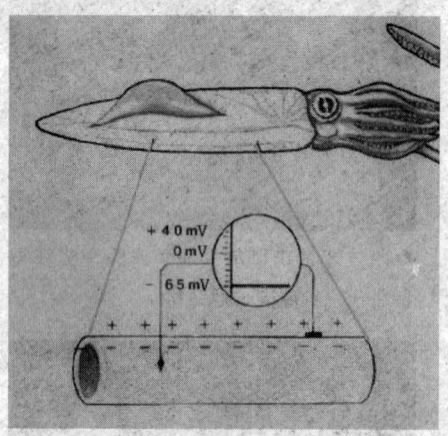

◆霍奇金和赫胥黎在鱿鱼神经纤维周围测量静止时和活动时神经膜内外的电位差，发现了神经冲动传递的"钠泵"机制

　　澳大利亚的艾克尔斯用实验证明，如果神经冲动使神经细胞兴奋，一种突触即向邻近细胞释放一种物质，使神经膜的空隙增大，以致钠离子能自由进入邻近细胞，并逆转其电荷的极性。这一电变化的波构成神经冲动，并在神经细胞间传导。英国生理学家霍奇金和赫胥黎把不同成分的溶液注入鱿鱼的神经纤维周围，测量静止时和活动时神经膜内外的电位差，发现了神经冲动传递的"钠泵"机制。由于发现了神经细胞膜的周边和中央部分的兴奋和抑制作用中的离子机制，他们三人获得1963年诺贝尔生理学或医学奖。

神经递质的发现

　　卡兹，德国生理学家，后入美国籍。他与获得1963年诺贝尔医学奖的霍奇金共同研究神经动作电位，还用微电极在神经肌肉接头处记录了微终板电位，认为单根神经末梢自发释放出单个囊泡中所含的乙酰胆碱，可以引起一个极微小的终板电位。当神经冲动到来时，许多神经末梢同时释放

揭开生命活动的奥秘——人体生理学

◆卡兹（左）、欧拉（中）、阿克塞尔罗德（右）因发现了神经末梢中的体液性递质及其贮存、释放和失活的机制而荣获1970年诺贝尔生理学或医学奖

出大量乙酰胆碱，可引起终板电位。这些研究为神经末梢的"量子释放"理论打下基础。

欧拉，瑞典生理学家。1946年发现交感神经末梢释放的神经递质是去甲肾上腺素（NA），并深入研究了NA的生成、储存、释放、重摄取等整套的代谢过程，他是神经化学、神经药理学奠基人之一。

欧拉和阿克塞尔罗德的工作相辅相成，在发展神经化学、神经药理学方面做出巨大贡献，与卡兹一起荣获1970年诺贝尔生理学或医学奖。

 人物志

阿克塞尔罗德

阿克塞尔罗德，美国生物化学家，从1949年起集中研究儿茶酚胺在生物体内的代谢过程，并发现可卡因、苯丙胺等可以阻断儿茶酚胺的重摄取过程，为研制治疗高血压、帕金森病的药物开创新途径，他是分子药理学的创始人之一。

 名人介绍——获奖"父子兵"

欧拉的父亲奥伊勒·歇尔平于1929年获诺贝尔化学奖。欧拉的外祖父是元

你所不知的基因密码

◆欧拉在实验室中

素铥和钦的发现者，乌普萨拉大学化学教授。欧拉的母亲曾获得植物学的哲学博士学位，后来她大部分的科学活动都围绕硅藻和地质学的研究，于1955年获教授。

他的家庭中充满学术气氛，他又经常有机会与科学家接触（1903年获诺贝尔化学奖的阿列纽斯是他的教父），这些无疑对他后来热衷于研究工作产生极大的影响。他的父母推动（但不强制）他进行研究工作。他跟随科学大师开始进行了一些自己的研究工作，并因对发热时的血液具有血管收缩作用这一研究而获奖，这更加激励他从事研究工作。

揭开生命活动的奥秘——人体生理学

揭示人体能量的代谢

当代生命科学揭示出物质、能量、信息是构成生命的三大基本要素。生命科学对于人体物质层次的研究已达到了相当的深度和广度，揭示了人体诸多奥秘。

能量是推动宇宙万物包括人体生理、心理活动的本原。因此，研究探索人体能量运行，也就抓住了生理、心理机能最本质的东西。现代生命科学证明，人的一切生理、心理活动，都必须消耗能量。人体所消耗的能量来源于通过进食摄入的有机物氧化分解出的ATP（三磷酸腺苷）。

那么人体能量的产生、储存、供给、消耗是怎样进行的呢？

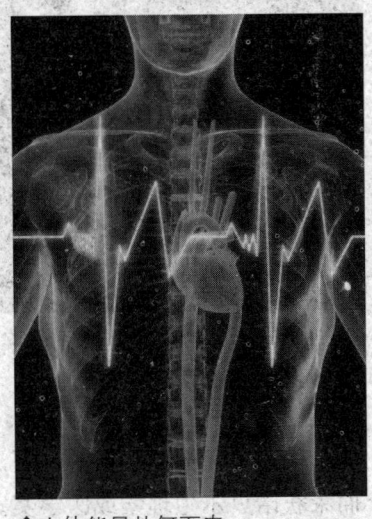
◆人体能量从何而来

华尔柏和呼吸酶

华尔柏是德国生物化学家，1883年10月8日生于德国弗赖堡，1970年8月1日卒于西柏林。他是柏林大学菲舍尔的学生，1906年获化学博士学位。1911年在海德堡大学获医学博士学位。1913年起在柏林的威廉皇帝生物学研究所工作，1918年任研究员。1931年起任新成立的威廉皇帝细胞生理研究所所长。

◆华尔柏氏检压计

"领先一步学科学"系列

137

你所不知的基因密码

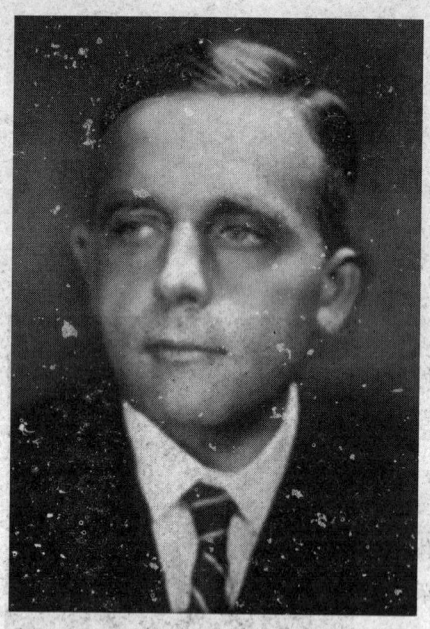

◆1931年诺贝尔生理学或医学奖获得者：德国生物化学家华尔柏

1953年该所改名为马克斯·普朗克细胞生理研究所，他继续任所长。

20世纪20年代他发明研究组织薄片耗氧量的检压计——华尔柏氏检压计。他长期从事光合作用研究，在光合作用的量子效率和机理方面独辟蹊径。他研究癌细胞多年，发现恶性生长细胞的耗氧量比正常细胞低。在研究细胞呼吸时，他证明呼吸酶是一种含铁的蛋白质，称为铁氧酶。1932年，他和他的同事们共同发现了黄素酶，并证明其辅基是核黄素的衍生物。1935～1936年，他又与同事们一道分离出了吡啶核苷酸，并确定了其结构和作用。1937～1938年，他阐明了磷酸三碳糖氧化与形成三磷酸腺苷（ATP）相偶联的机理，从而在研究能量代谢方面揭开了新的一页。1931年华尔柏以他有关呼吸酶的杰出贡献而荣获诺贝尔生理学或医学奖。1934年被选为英国皇家学会会员。他一生共发表了数百篇论文和5部专著，并培养了大批年轻科学家。

克雷布斯揭示三羧酸循环

克雷布斯的父亲是德国一位外科医生，子承父业，他也学医，医校毕业后一直在大学附属医院工作。如果国泰民安，他也许一辈子就是一位普通的医生。但是第二次世界大战爆发了，他受到纳粹的迫害，不得不逃往英国。在德国，他是位非常优秀的医生，但是在英国，由于没有行医许可证，得不到社会的承认。他只好打消当一名每天给患者看病的医生的念头，转而从事基础医学的研究。

刚开始选择课题时，仅仅出于对食物在体内究竟是如何变成水和二氧化碳的现象充满了兴趣，他毫不犹豫地选择了这个课题，并且着手调查前

揭开生命活动的奥秘——人体生理学

人研究这一课题的各种材料。有的学者报告说:"A 物质经过氧化变成了 B 物质。"有的学者说:"C 物质经过氧化变成了 D 物质,然后又进一步变成 E 物质。"还有的学者认为:"C 物质是从 B 物质中得到的。或者可以说,是 F 物质变成了 G 物质。"另外一些学者则认为,是"G 物质经过氧化变成 A 物质"等等。看着来自四面八方的研究报告,克雷布斯想,如果把这些零散的数据整理出来,说不定可以发现食物代谢的结构。就像玩解谜游戏那样,克雷布斯将这些数据仔细整理了一番,结果发现食物在体内是按 F、G、A、B、C、D、E 这样一个顺序变化的。再仔细了解从 A 到 F 这些化学物质,发现 E 和 F 之间断了链。如果 E 和 F 之间存在一种 X 物质,那么,这条食物循环反应链就完整了。

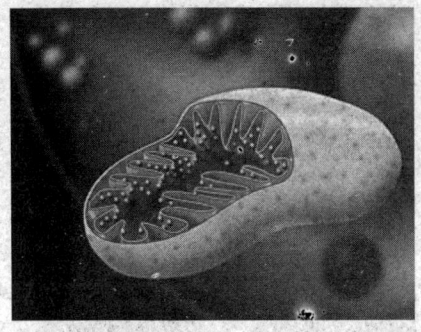
◆三羧酸循环在线粒体内完成,这是线粒的结构图

克雷布斯不仅仅是发现了几个化学物质的变化,而且将每一个活的变化整理出来,找出了可以解释动态生命现象的结构。

克雷布斯马上集中精力,全力寻找 X 物质。4 年后终于查明,X 物质就是如今放在饮料中作为酸味添加剂的柠檬酸。他完成了食物的循环链,并且将它命名为柠檬酸循环。克雷布斯的循环理论解释了食物在体内进入柠檬酸循环后,按照 A、B、C、D、E、X、F、G 的顺序循环反应,最终氧化成二氧化碳和水。他的伟大不仅仅是发现了几个化学物质的变化,而且在于将每一个活的变化整理出来,找出了可以解释动态生命现象的结构。由于这一业绩,克雷布斯在 1953 年获诺贝尔生理学或医学奖。

名人介绍——克雷布斯生平

克雷布斯是英籍德裔生物化学家。1933 年在剑桥大学获得硕士学位后,便在霍普金斯手下从事研究。1935 年转入设菲尔德大学任药理学讲师,1945 年任

你所不知的基因密码

◆汉斯·阿道夫·克雷布斯

生物化学教授。1954年起在牛津大学任生物化学教授并受聘为该校研究细胞代谢的医学研究中心的主任,1967年退休。以后被聘为牛津大学临床医学系研究员。1932年,他与其同事共同发现了脲循环,阐明了人体内尿素生成的途径。1937年他发现了柠檬酸循环(又称三羧酸循环或克雷布斯循环)。这一发现被公认为代谢研究的里程碑。他于1947年被选为英国皇家学会会员。1953年与美国生化学家李普曼一起荣获诺贝尔生理学或医学奖。1964年被选为美国科学院外籍院士。他曾获得欧美诸国14所大学的荣誉学位,还被选为法国、荷兰等许多国家科学院的外籍院士。他与英国科恩伯格合著的《生物体内的能量转化》一书风行一时。

糖酵解和三羧酸循环之间的桥梁

李普曼(1899~1986年)出生于东普鲁士,自幼在德国受教育,1922年在医学院毕业,后转入生化研究,获博士学位。1932~1939年在丹麦哥本哈根工作时,始终围绕着糖酵解的关键产物——丙酮酸的氧化进行研究。曾证明丙酮酸的氧化和脱羧必须有维生素 B_1 参加。1939年定居美国。1941年在一篇《磷酸键能在代谢中的产生和利用》的综述文章中建议用"~"代表这种携带可供能的键。这种表示方法沿用了许多年。1941~1957年,李普曼在麻省总医院工作,在这里他发现了辅酶A。他经过长

◆英籍德裔生物化学家李普曼

揭开生命活动的奥秘——人体生理学

时间反复研究后发现：在同 ATP 偶联的乙酰基传递系统中存在着一种热稳定因子。李普曼预感到有希望发现一种新的辅酶，而且它可能含有维生素 B 族。他制备了含有这种热稳定因子的纯制剂送给熟悉维生素 B 族的实验室去分析，并没有找到任何一种已知的维生素 B 族。李

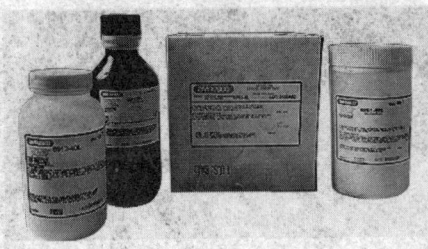

◆如今，乙酰辅酶 A 已经被制成药品，广泛应用于医疗和工业

普曼又推测新辅酶很可能含有不久前发现的泛酸。1945 年他把新发现的辅酶命名为辅酶 A（CoA），意思是乙酰化反应的辅酶。从此在糖酵解和三羧酸循环之间架起了一座桥梁。随后围绕辅酶 A 他又作了大量的工作。研究辅酶 A 的性质；证明辅酶 A 在生物体中普遍存在；证明 ATP 是生化能量的普遍载体，对阐明各种分解代谢和生物合成起了重要作用。由于这一系列成就，他同克雷布斯分享了 1953 年诺贝尔生理学或医学奖。

点击

　　李普曼研究蛋白质的生物合成，在肽链的延长上作出了许多贡献。1966 年约翰逊总统授予他美国国家科学奖。此乃该国对科学成就的最高奖励。

身残志坚的西奥雷尔

　　1930 年，27 岁的西奥雷尔获得医学博士学位。然而，天有不测风云，正当西奥雷尔准备大干一番事业的时候，他突发疾病，双腿致残，他因此陷入了不可名状的痛苦之中。面对这种打击，西奥雷尔耳边仍时时回响着父亲的鼓励："你肯定能行！"因此，他鼓励自己说：当医生不行了，还有其他路可走。经过认真分析思考，西奥雷尔决心以毕生的精力献身基础医学和生物学的研究，从根本上提高医学水平，拯救世界上成千上万的患者。

你所不知的基因密码

◆西奥雷尔与"自制"磁重机，它是在卡罗林斯卡研究所建造的

◆西奥雷尔在卡罗林斯卡研究所使用盖革—米勒计数器做实验

西奥雷尔知难而进，他克服了一般人意想不到的困难，以残废之躯，长途跋涉，前往德国柏林，向当时世界第一流的酶学科学家瓦勃格教授请教，与他共同攻关。西奥雷尔的谦逊诚恳的态度，朝气蓬勃的热情，坚定不移的意志，深得瓦勃格教授的赞赏。西奥雷尔的汗水终于没有白流，他的研究终于结出了成功的果实。他用自己设计、自己制造的电脉仪，结合超离心方法，证明了由他首次得到的黄素酶是均一的、纯净的。接着，西奥雷尔又可逆地把这种黄素酶分解成两部分——黄色的辅酶和无色的蛋白质。西奥雷尔这一成果使人类对生命的基本单位——细胞的认识更加深刻了，而且在对于肿瘤病、结核病以及其他疾病的预防、诊断和治疗方面都具有难以估量的价值。西奥雷尔的成就立刻轰动了整个生物医学界。

西奥雷尔由于突出的成就先后被瑞典、丹麦、美国、英国、法国、意大利、比利时、印度等国吸收为科学会会员。1955年，西奥雷尔荣获诺贝尔生理学或医学奖。西奥雷尔以其残疾之躯取得如此令人瞩目的成就，这与他在幼年时父亲对他进行激励、赏识教育是分不开的。"你肯定能行"，这一句很普通的话语，在西奥雷尔的心里就是燃亮希望之光的火炬，促使他充满信心、勇敢地去拼搏，从而奠定了他成功人生的基础，使他逐步地从平凡走向辉煌。

揭开生命活动的奥秘——人体生理学

 广角镜——西奥雷尔童年故事

　　雨果·西奥雷尔1903年出生在瑞典南部的林彻市。父亲是个外科医生，他那勇敢顽强的性格和严谨细致的作风深深地影响了幼小的西奥雷尔。

　　在父亲的影响和教育下，小西奥雷尔从小热爱学习，兴趣广泛，每当他在学习中遇到什么困难向父亲诉说时，父亲总是拍着他的肩说："别怕，你肯定能行。"父母的话鼓舞着小西奥雷尔，他愈发好强、胆大。有时他和小伙伴们在一起玩耍，看到可怕的小虫子，别的小朋友都非常害怕，吓得不敢动，而小西奥雷尔却十分镇静，一把将小虫子抓住，并拿起小刀进行解剖。他要弄明白那些小虫子究竟有什么可怕之处，它们肚子里究竟都有些什么东西，它们之间又有些什么不同之处。这样，在不断地解剖中，小西奥雷尔不仅增长了知识，而且大大提高了动手动脑的能力。

你所不知的基因密码

糖、脂、氨基酸是怎样被代谢的

新陈代谢是机体对实现生理功能必需物质进行加工的过程，人体最基本的代谢包括糖代谢、脂代谢、氨基酸代谢，它们是生命最基本的组成，如果这三种基本代谢出现问题，就会引起脂肪肝、高脂血症、高血压、糖尿病等代谢性疾病。科学家对人体三大代谢进行了许多研究，并获得了诺贝尔奖，对人类做出了巨大的贡献。

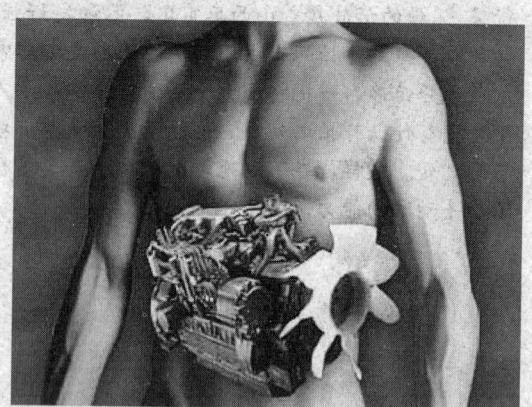
◆体内代谢就如工作中的机器一般精密

诺贝尔奖伉俪

◆获得1947年诺贝尔生理学或医学奖的科里夫妇

吉蒂·黛丽莎·科里博士，1896年生于布拉格。科里夫人毕业于布拉格的日耳曼大学医学院。在那里，她认识了同院的学生卡尔·费尔德南·科里，两人相爱结为伉俪。科里出身书香门第，祖父是布拉格大学理论物理学教授，父亲是的里雅斯特海洋生物学研究所所长。

领先一步学科学 系列

揭开生命活动的奥秘——人体生理学

科里一毕业就留校任职,继续从事研究。科里夫人就没有那么幸运了,医学院毕业后,在一所医院当儿科大夫。但是,她无论如何也无法摆脱想与丈夫一起工作的愿望,于是她说服丈夫,两人一起移居美国,在纽约州布伐罗恶性肿瘤研究所工作。作为项目主管,丈夫负责提出计划,申请研究经费,而科里夫人在参与计划的同时,要着手具体的实验,分担大量事务性工作,夫妇两人常常工作到深夜。由于他们的共同努力,终于阐明了由动物糖原转化成可利用糖的全过

◆科里夫妇在一起做实验

程,并将上述过程中的酶和中间化合物磷酸酯分离出来,而且实验证明上述过程是可逆的。既然生物体高分子之一的糖原在生物体外合成了,科里夫妇认为,生物体内的糖原合成也是在同一种酶的作用下进行的。科里夫人因这一发现,于1947年与丈夫一起获诺贝尔生理学或医学奖。

 链接:天才少年——阿尔贝托·奥塞

贝纳多·阿尔贝托·奥塞1887年生于阿根廷。奥塞小时候在家里接受了特殊的早期教育,据说幼年时的智力测试指数高达250以上,可谓天才少年。奥塞14岁就考入布宜诺斯艾利斯大学,17岁进入该大学医学院,24岁成为教授。也是在24岁的时候,他发表了有关脑垂体的论文,取得了医学博士学位,同时获大学奖。有人说:"天才长大后就是普通人。"奥塞呢?他长大后虽然没有能成为超人,但还是留有一些痕迹。年纪轻

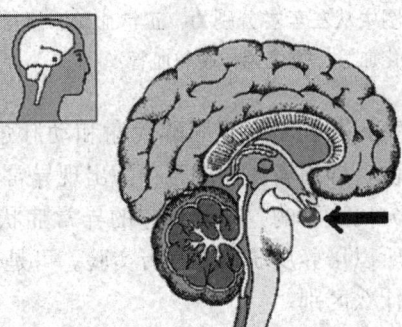

◆大脑示意图,其中黑色箭头所指的就是脑垂体

你所不知的基因密码

轻就历任兽医学院教授、医院院长、国立微生物学研究所卫生部长、布宜诺斯艾利斯大学医学院生理学教授和生理学研究所所长，成为这一领域的权威。后来由于支持民主，抗议军人独裁政权，奥塞在56岁的时候失去了公职。为了继续从事实验，他在自己家中建立了实验室。当时还没有有色层分离法，也没有可以测量微量激素的放射免疫测定技术。他先摘除脑垂体，再注射脑垂体前叶抽取物，然后观察患糖尿病的狗的存活期是多少，尿中糖的含量是多少等等。他就是用这些定性的或是半定量的方法，间接测定血液中糖的代谢，明确了脑垂体前叶的抽取液与血糖调节之间的关系。为此，在他60岁的时候，他获得了1947年诺贝尔生理学或医学奖。

好友＋合作伙伴

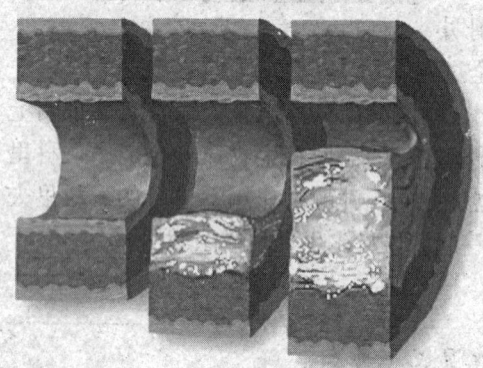

◆血管粥样硬化会导致一系列心血管疾病（上图中从左至右分别为：正常血管、轻度粥样硬化血管、重度粥样硬化血管）

迈克尔·布朗由于"在胆固醇代谢的调控方面的发现"而与约瑟夫·戈尔茨坦共同获得1985年诺贝尔生理学或医学奖。他们两人在20世纪60年代在波士顿马萨诸塞州总医院实习时相识，两人都是实习研究员，他们之间建立了友谊，相互尊重，导致了长期的科学合作。

1972年戈尔茨坦返回达拉斯，1974年两人加入到实验室，共同研究胆固醇代谢和动脉粥样硬化的起因。他们最初提出一种假说，即患者体内的某种酶出现异常情况，产生了过剩的胆固醇。他们打算分离这种酶，并调查它的异常症状。考虑到用患者的肝脏试验比较困难，所以培养皮肤细胞进行实验。可是他们没有发现患者的酶与正常人的酶有什么区别。

如果酶不是致病原因，那么就只能是胆固醇从血液中到体细胞这段搬运过程中的某个机制出现了异常情况。于是，他们又提出了这么一个假说。结果，他们的注意力集中到了低密度脂蛋白（LDL）上面。这种蛋白

揭开生命活动的奥秘——人体生理学

在血液中的作用是将胆固醇运到体细胞中。他们用患者皮肤的培养细胞与正常人的相比较,发现LDL虽然可以进入正常细胞内,但却进不了患者的细胞内。再进一步追查,结果完全出人意料,他们发现细胞表面有一种胆固醇受体,这种受体的作用是接受LDL进入细胞内。家族性高胆固醇症的患者,其细胞表面缺少这种受体,使胆固醇无法进入体细胞而滞留在血液中。缺乏足够的受体,与家族性高胆固醇血症有关。他们研究的结果,导致了降低胆固醇的化合物——他汀类药物的发展,成为美国最广泛的处方药,大量减少了罹患心脏病和卒中(中风)的风险,为此布朗和戈尔茨坦共同获得了1985年诺贝尔生理学或医学奖。

◆1985年诺贝尔生理学或医学奖获得者:约瑟夫·戈尔茨坦

名人介绍——迈克尔·布朗

布朗1941年4月13日生于美国纽约的布鲁克林,父亲哈维·布朗是位纺织推销员,母亲伊夫林·布朗是位家庭主妇,布朗是他们的长子。当布朗11岁时全家迁移到宾夕法尼亚州的费城,他在切尔滕纳姆读的高中,1962年毕业于宾夕法尼亚大学的艺术和科学学院,化学是他的重点课题。1966年又从宾夕法尼亚大学的医学院毕业,在波士顿马萨诸塞州总医院实习,并与约瑟夫·戈尔茨坦相识。

1968~1971年在美国国家卫生研究院,布朗加入生物化学实验室,对酶学技术和代谢调控的基本原理作出了重要的贡献。1980

◆1985年诺贝尔生理学或医学奖获得者:迈克尔·布朗

你所不知的基因密码

年当选为国家科学院成员，1985年任命为得克萨斯大学评议员教授，他还是个有学位的美国医师学院董事会的研究员。布朗也是芝加哥大学和伦斯勒理工大学名誉博士。

揭开生命活动的奥秘——人体生理学

克科尔对甲状腺病的研究

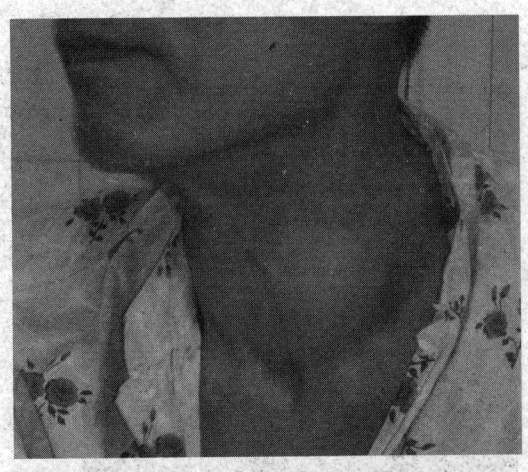

你知道甲状腺位于人体的什么地方吗？你知道甲状腺在人体中起着怎样的作用吗？这些问题你可能都回答不上来，但是你也许见过患有大脖子病的人。大脖子病多数是由甲状腺疾病引起的。甲状腺位于颈前部，正常人是看不到的，一旦甲状腺发生疾病，有时就可以看到肿大的甲状腺了，特别是在吃饭、喝水时更容易看到。

◆甲状腺肿，俗称"大脖子病"

在19世纪末20世纪初，科克尔就注意到这个疾病的存在，并致力于研究甲状腺疾病，最终获得诺贝尔奖。

现代外科的圣手——科克尔

科克尔1841年8月25日生于瑞士首都伯尔尼，其父为一名工程师，教子很严。科克尔1865年获医学博士学位。其外科教师包括名医勒克（检马尿酸发明人）、比尔罗特（胃部分切除术后行胃十二指肠吻合术、胃空肠吻合术的发明人）及兰根贝克（外科名医，对截肢手术及皮瓣修补残端做出贡献）。在比尔罗特及兰根贝克的热情推荐下，科克尔师从勒克，并于1872年成为瑞士伯尔尼大学普通外科教授及外科主任。科克尔多次被其他国家的大学邀请去任教，但是一直被他谢绝。作为勒克的助手，科克尔

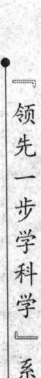

你所不知的基因密码

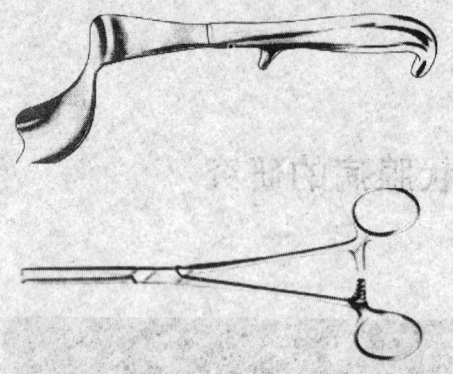

◆科克尔发明的外科器械：上为科克尔甲状腺牵开器，下为科克尔止血钳

◆埃米尔·科克尔被誉为现代外科的圣手。他先后发明了止血法、脱臼整复法，并对疝气、腹部器官、脑神经等方面的手术都深有研究

从1866年起发表了有关止血实验的文章。科克尔还通过解剖及病理解剖研究发现新的肩关节脱位复位方法，这一方法很快被接受，并被认为是不仅对新的脱位有效，而且对陈旧性脱位也是最简单最有效的复位方法。

科克尔是首先采用绝对无菌概念的医师之一。他与研究感染过程的细菌学家塔韦尔合作，于1892年出版了《外科感染疾病讲座》。由于科克尔被邀请给军医讲课，他便对枪弹伤做了试验研究（小口径、高速枪弹击入软组织产生的爆炸效应）。1880年发表了《枪弹伤》，1895年创立了小口径枪弹伤的理论。

科克尔的其他较重要临床研究包括急性骨髓炎、绞窄性疝、胃病的外科治疗，他开创了从胆管最低部摘除胆石的手术，并改进了有关十二指肠的所有手术，科克尔的其他重要工作涉及肠梗阻、男性生殖器官疾病、脊柱损伤及骨折，科克尔著的《外科手术理论》发行6版并被译成多国文字。

1872年他首次进行了甲状腺外科切除手术并取得了成功。科克尔著的《甲状腺疾病》对甲状腺肿的病因、症状及治疗进行了研讨。他对甲状腺生理学、病理学和外科学的研究作出了重大的贡献，1909年荣获诺贝尔生理学或医学奖。

揭开生命活动的奥秘——人体生理学

点击

科克尔最杰出的贡献是对甲状腺肿的周密研究,指出甲状腺肿与饮食中的碘含量有关,为以后的安全治疗找到了正确的途径。

知识库——人体重要的内分泌腺体——甲状腺

甲状腺是内分泌系统的一个重要器官,它和人体其他系统(如呼吸系统等)有着明显的区别,但和神经系统紧密联系,相互作用,相互配合,被称为两大生物信息系统,没有它们的密切配合,机体的内环境就不能维持相对稳定。

平常大多数人并不知道甲状腺位于何处,但"大脖子病"大多数人并不陌生,其实"大脖子病"就是甲状腺肿大,这就告诉我们甲状腺位于颈部。再具体些,

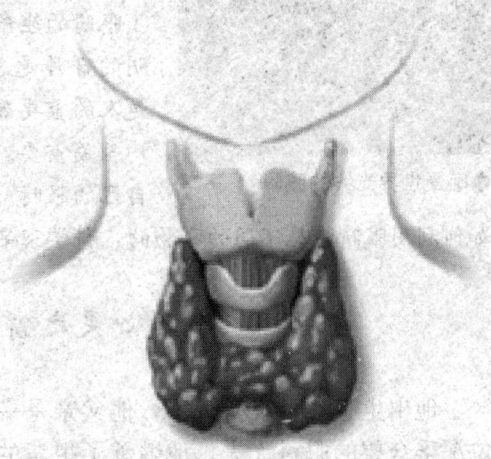

◆甲状腺位于颈部

我们平常所说的"喉结",我们自己都能触到,甲状腺就位于"喉结"的下方约2~3厘米处,在吞咽东西时可随其上下移动。

甲状腺形如"H",棕红色,分左右两个侧叶,中间以峡部相连。两侧叶贴附在喉下部和气管上部的外侧面,上达甲状软骨中部,下抵第六气管软骨处,峡部多位于第二至第四气管软骨的前方,有的人不发达。有时自峡部向上伸出一个锥状叶,长短不一,长者可达舌骨,为胚胎发育的遗迹,常随年龄而逐渐退化,故儿童较成年人为多。

 你所不知的基因密码

眼睛屈光学及夜盲症的突破

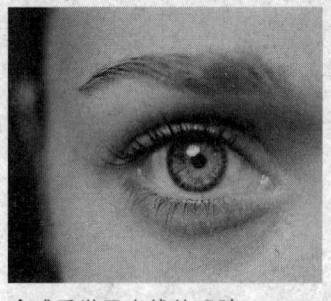

◆感受世界光线的眼睛

亲爱的朋友，永远不要忘记，上帝给了你一双眼睛——这是摄取美的窗口。每个人都有一双眼睛，因此每双眼睛都是不一样的。没有了眼睛的生命你能想象吗？你能想象没有了光明的日月是怎么样的景象？眼睛是五官之首，是人的重要器官，对人们的工作、学习和生活均至关重要。因此，无论何时何地都要保护好自己的眼睛。关于眼睛是如何工作的，人类是如何利用眼睛看见不同的事物的，科学家早就为你揭开了谜底。

人类心灵之窗的卫士

他出生于一个眼科世家，他父亲是一位深孚众望的眼科大夫。他继承了祖辈的医德医术。更重要的是，在治病过程中努力运用新的科学，整理和发扬了祖传的眼科医术。

1894年到1927年间，古尔斯特兰德在乌普萨拉大学担任眼科与光学教授。他将光学上的物理与数学原理用来研究眼睛里的光线折射等现象。他在眼睛屈光学方面有杰出成就。经过20多年百折不挠的研究，搞清了光线从空气通过角膜、水晶体等几种折光指数不同的媒介而在视网膜上

◆阿尔法·古尔斯特兰德（1862~1930年）

揭开生命活动的奥秘——人体生理学

成像的原理，阐明了近视调节的机制，归纳出光学成像的一般定理，并得到了各国学者的承认，对几何光学、生理光学和眼科学都有划时代的贡献。为了表彰他在眼睛屈光学方面杰出的贡献，1911年经斯德哥尔摩卡罗琳医学院教授会议推荐，授予他当年的诺贝尔生理学或医学奖。他还荣获柏林等

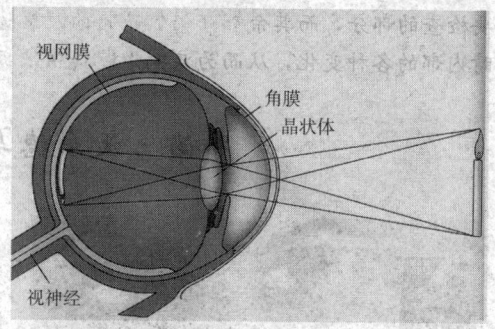

◆当你看一个物体时，角膜和晶状体将物体的倒立图像聚焦到视网膜上

大学的荣誉学位。此后，他仍致力于更高级的光学系统定理的研究，培养来自国内外的学者，并发表了大量论文和著作。在几何光学领域中，他一直是他那个时代的旗手。

古尔斯特兰德1908年先后荣获乌普萨拉医师协会、瑞典医学协会的奖金与奖章，乌普萨拉大学的荣誉学位；1927年获德国眼科界的格雷夫奖章，被誉为"人类心灵之窗的卫士"。

 万花筒

是谁模糊了青少年的眼？

近视眼是青少年屈光不正的最主要原因。近些年来，由于学业负荷重和不注意用眼卫生等原因，中小学生患近视眼的人越来越多，并呈现出低龄化的趋势，一些十来岁的人就成了戴眼镜一族，小学生近视眼的发生率为20%～25%，中学生高达50%～60%，青少年近视的防治越来越为学生、家长及社会所关注。

 小知识——裂隙灯的发明

现代眼科的著名检查仪器裂隙灯，是由瑞典的眼科学家古尔斯特兰德发明的。1903年，他在对眼睛成像的解剖学结构进行了精细研究，特别是对其调节功能系统研究之后，发明了裂隙灯。该灯发出的成束光可以有选择地通过眼睛需

153

你所不知的基因密码

要检查的部分，而其余部分仍然是暗的。裂隙灯与角膜显微镜结合起来可检查眼睛内部的各种变化，从而为疾病诊断提供依据。

乔治·沃尔德与夜盲症

◆胡萝卜、鱼肝油可以补充维生素A，治疗夜盲症

乔治·沃尔德，美国化学家。1906年11月18日生于纽约，1927年毕业于纽约大学，1932年在哥伦亚大学获得哲学博士学位。先后在瑞士苏黎世的卡勒手下和芝加哥大学工作，1934年在哈佛大学任教，此后就一直留在那里。他的主要兴趣在视觉功能的化学过程方面。

乔治·沃尔德发现视网膜是由维生素A组成的，更进一步的实验显示，当视紫质的色素暴露于光线下时，它会产生视蛋白及一种包含维生素A的混合物。这说明维生素A是视网膜不可缺少的元素。

小知识——维生素A

◆维生素A对长时间注视电脑屏幕的人来说是重要的营养素

维生素A是1913年美国化学家戴维斯从鳕鱼肝中提取得到的。它是黄色粉末，不溶于水，易溶于脂肪、油等有机溶剂。化学性质比较稳定，但易为紫外线破坏，应贮存在棕色瓶中。维生素A是眼睛中视紫质的原料，也是皮肤组织必需的材料，人缺少它会得干眼病、夜盲症等。动物肝中含维生素A特别多，其次是奶油和鸡蛋等。

揭开生命活动的奥秘——人体生理学

耳科生理学的的重要进展

在耳朵内部有一个耳蜗的结构,是听力中心。耳朵的耳蜗为什么不和麦克风一样凸在外面,而要通过一条长长的耳道呢?那这是为什么呢?只要您堵上双耳,再听听您的呼吸、咽口水的声音,您就明白了,原来我们的耳道结构,可以将外界细微的声音放大,而且还会将我们身体的声音扩大并聆听,而后作出各种判断,以此更好地引导自己生存。

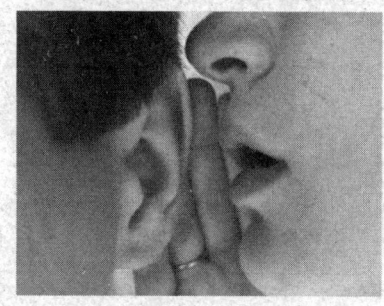

◆我们是如何听到声音的呢

身残志坚的贝伦尼

罗伯特·贝伦尼(1876～1936年),奥地利医学家,当代耳科学创始人。生于维也纳。幼年时患了骨结核病,使他的一个膝关节永久地僵硬了。贝伦尼从此狠下决心,埋头勤读书。1900年获维也纳大学医学博士学位。

1903年受到了欧洲当时著名的耳科教授亚当·波利兹的指导,主要研究的课题是前庭部分。前庭是受到神经支配的,他并对眼球震颤现象进行深入的研究。一天,贝伦尼替一位患者耳注射时,患者有强烈的晕眩感,结果发现注射液的温度比

◆罗伯特·贝伦尼

"领先一步学科学"系列

 你所不知的基因密码

平时低了很多。经过进一步研究，他发现位于内耳半规管中的淋巴液会因温度的改变而发生一些不一样的变化。1905年5月他发表了题为《热眼球震颤的观察》的论文。进一步研究，他发现前庭因旋转后会使人体产生头晕现象，称为前庭反应。他还发现内耳前庭器与小脑有关，从此奠定了耳科生理学的基础知识。

由于他工作和科研有突破性的贡献，奥地利皇家授予他爵位。1914年，他又获得诺贝尔生理学或医学奖。

 点击

贝伦尼一生发表的科研论文184篇，治疗好许多耳科绝症，创立了内耳前庭器官、小脑、肌肉三者相互为用的方法。当今医学上探测前庭疾患的试验和检查小脑活动及其与平衡障碍有关的试验，都是以他的姓氏命名的。

 轶闻趣事——贝克西的发现

◆乔治·冯·贝克西（1899~1972年）

乔治·贝克西是匈牙利—美国物理学家。1899年6月3日生于匈牙利的布达佩斯，1947年来到美国，并在哈佛大学工作至今。他设计了一台用于测量听觉功能的听力计。同时他还提出了有关听觉的理论，从而替代了先前由亥姆霍兹提出的理论。最关键的听觉组织是内耳的一个盘涡状管，通常称为耳蜗。耳蜗由基膜分成两部分。贝克西用一个人工系统（完全仿造耳蜗的基本结构）仔细地做了实验，发现声波通过耳蜗内的液体时引起基膜像波动一样的位移。这就是大脑接收到的并进行分析的波，基位移也是按音调、响度和音品变化的。鉴于这个结果，1961年贝克西荣获了诺贝尔生理学或医学奖，成为在这个学科范畴中第一个获得诺贝尔奖的物理学家。

揭开生命活动的奥秘——人体生理学

内耳的精细结构

耳包括外耳、中耳和内耳三部分。外耳由可转动的耳廓和外耳道组成，起收集声波的作用。中耳又称鼓室，为外耳与内耳间的腔隙，其外侧为鼓膜，借鼓室中的三块听骨（锤骨、砧骨、镫骨）组成的杠杆系统将声波引起的鼓膜振动传至内耳。

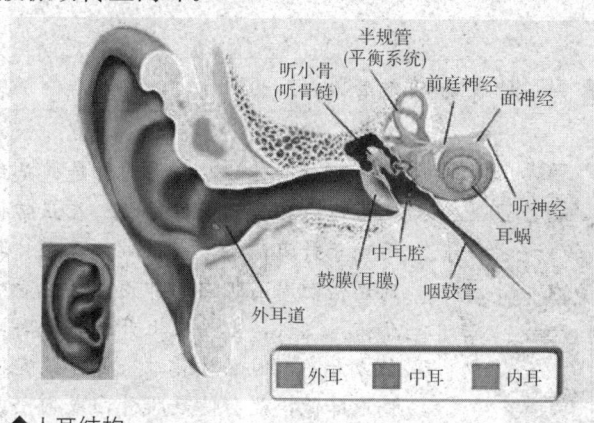

◆人耳结构

内耳包括前庭、半规管和耳蜗三部分，由结构复杂的弯曲管道组成，所以又叫迷路。迷路里充满了淋巴，前庭和半规管是位觉感受器的所在处，与身体的平衡有关。前庭可以感受头部位置的变化和直线运动时速度的变化，半规管可以感受头部的旋转变速运动，这些感受到的刺激反映到中枢以后，就引起一系列反射来维持身体的平衡。耳蜗是听觉感受器的所在处，与听觉有关。那么听觉是怎样形成的呢？人类的听觉很灵敏，从每秒振动16次到20 000次的声波都能听到。当外界声音由耳廓收集以后，从外耳道传到鼓膜，引起鼓膜的振动。鼓膜振动的频率和声波的振动频率完全一致，声音越响，鼓膜的振动幅度也越大。

鼓膜的振动再引起三块听小骨的同样频率的振动。振动传导到听小骨以后，由于听骨链的作用大大加强了振动力量，起到了扩音的作用。听骨链的振动引起耳蜗内淋巴的振动，刺激内耳的听觉感受器，听觉感受器兴奋后所产生的神经冲动，沿位听神经中的耳蜗神经传到大脑皮质的听觉中

你所不知的基因密码

枢,产生听觉。位听神经由内耳中的前庭神经和耳蜗神经组成。

 小知识

电子耳蜗是一种帮助全聋患者恢复听觉的电子设备。它可以取代患者损坏的耳蜗,它依靠电脉冲直接刺激患者的听神经使患者恢复听觉。

 链接——神奇的咽鼓管

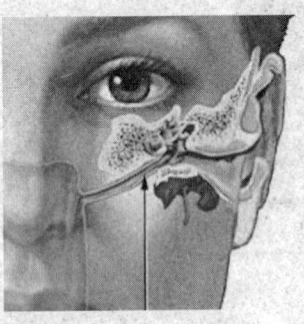

◆咽鼓管的位置示意图(图中黑色箭头所指处为咽鼓管)

咽鼓管使耳朵与鼻腔相连,是维持鼓膜内外两侧压力相等的关键结构。在正常情况下,咽鼓管处于封闭状态,当张口、吞咽、打哈欠、唱歌时,借助周围肌肉的作用,咽鼓管咽口开放。人们乘坐飞机,当飞机上升或下降时,气压急剧降低或升高,因咽鼓管口未开,鼓室内气压相对增高或降低,就会使鼓膜外凸或内陷,因而使人感到耳痛或耳闷。此时,如果主动作吞咽动作,咽鼓管口开放,就可以平衡鼓膜内外的气压,使上述症状得到缓解。

揭开生命活动的奥秘——人体生理学

免疫学的进展及抗原抗体

自18世纪末19世纪初人类免疫实践的创始者、英国医生琴纳发现牛痘疫苗以来,免疫接种实践日渐丰富;自近代微生物学奠基人、法国学者巴斯德发现病原菌以后,传染性免疫现象的研究获得了长足进展。到20世纪初,从理论上解释免疫机理的要求日感迫切,这时朴素的免疫学理论应时而生。从1908年埃利希和梅契尼科夫,到1996年多尔蒂和青克纳格尔,许多的科学家为之奋斗终身。

◆琴纳为人们接种牛痘

现代免疫理论的拓荒

保罗·埃利希1854年出生于德国西里西亚的斯特恩。父亲和母亲是早年犹太移民的后代,父亲是医生,他的家庭可说是一个有文化的小康之家。埃利希从小受家庭环境的影响,喜爱读书。由于父亲的医学书籍较多,他从不自觉到自觉地阅读了大量的医学著作,逐步对医学也有了兴趣和认识。因此,他

◆埃利希和他的日本助手在实验室

你所不知的基因密码

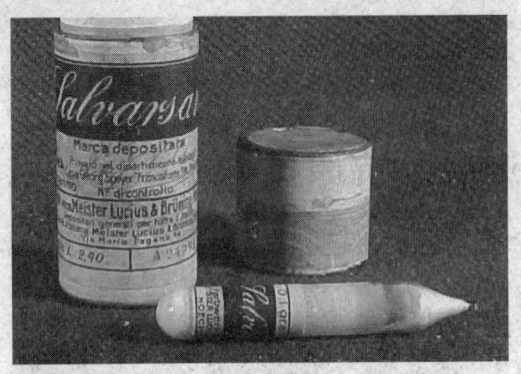

◆埃利希发明的首个抗梅毒化学药物

从小学时起就立志当一名高明的医生。中学毕业后，他进入医学院学习，得到当时细菌学创始人和著名病理学教授的指导。1878年，他毕业于莱比锡大学，随之进入当时欧洲最大的病理研究院工作。他在那里进行了艰苦的学习和研究，首先提出用染色法鉴别有机体细胞和组织的观点，引起医学界的关注。1882年，他通过反复观察，描述出嗜曙红白细胞吞噬红细胞的现象，更进一步提高了他的名声。

1890年，他应聘到科赫传染病研究所当所长，主持全面工作。他在工作中从事免疫学研究，经过两年多的钻研，提出了侧链学说，为理论免疫学的建立奠定了基础。后来，他又使用化学反应作免疫研究试验，经过反复试验论证，证实了可用化学反应解释免疫的过程。然后，他又通过建立精确的免疫定量形式，发明了测定抗血清效力的方法。他是体液免疫的倡导者。他证实了毒素以及非毒素均能在体内诱发抗体产生，确立了体液免疫学说。他在1897年发表的关于白喉抗毒素的重要文献中对抗原抗体反应的定量研究，对抗体特异性与化学结构的关系以及补体与抗原抗体复合物结合的本质等理论，提出了重要解释，为免疫化学和血清学做出了重要的贡献。

追忆历史

不知疲倦的科学家

1908年，由于在免疫学方面的突出贡献，他获得了诺贝尔生理学或医学奖。埃利希是个不知疲倦的科学家，他在获得多项研究成果后仍不懈地继续研究。1910年，他在助手日本医学家奏佑八郎协助下，发现了抗梅毒化学药物"606"。

揭开生命活动的奥秘——人体生理学

广角镜：天才科学家——梅契尼科夫

梅契尼科夫1845年出生于乌克兰乡村的一个犹太人家庭。1870年到俄国敖德萨大学任教，从事动物学和比较解剖学的课程传授，一直坚持12年的教学和研究。

1888年，他受法国巴黎大学邀请，到该大学任教和从事研究。在那里得到著名科学家巴斯德的赏识，担任新成立的巴斯德研究所副所长，一年多后成为所长。1892年发表了《炎症的比较病理学教程》和《传染的免疫性教程》著作，系统表述了吞噬细胞具有清除微生物或其他异物的功能，有抗病和灭病的作用，白血球在机体的炎症过程中有防御作用的理论。他通过实验证明：豚鼠体内的霍乱杆菌变成粒状，它的生长受到抑制。这与两种主要物质有关，一种是"防御素"，有杀菌防毒效能；另一种名叫"敏

◆梅契尼科夫免疫学与微生物学研究所门口的梅契尼科夫雕塑

感素"，来自经过防疫注射的动物的血液中，它能促使防御素起杀菌作用。这两种物质都与白血球的存在分不开。他的理论最后赢得了越来越多的人的承认。1908年，他因在动物体内发现吞噬细胞而与德国免疫学家埃尔利希共获诺贝尔生理学或医学奖。

谁发现了补体？

补体，人们现在已经知道它是免疫体系中的整整一个系统，它包括了在物理、化学和生物性状上以及结构上彼此不同的十几种蛋白质，一部分科学家特意称之为"生物学放大系统"。这个免疫系统的发现者是比利时

你所不知的基因密码

◆尤里·博尔德

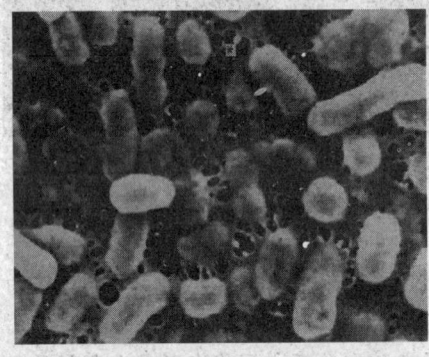

◆百日咳杆菌最早由尤里·博尔德发现

科学家尤里·博尔德（1870～1961年），他的关于补体的第一篇论文发表在1895，时年25岁；并于20世纪的第一年——1900年发表了关于补体问题的更为完整的实验观察。

尤里·博尔德于1892年在布鲁塞尔大学获得医学博士学位，随后又到巴黎巴斯德研究所，在梅契尼科夫指导下继续工作。1901年，他在布鲁塞尔也创建了一个巴斯德研究所并亲任所长，从而开展了自己的工作。1898年博尔德正在巴黎居住，他发现如果把血清加热到55℃，尽管血清中的抗体不致受到破坏（这为血清仍能与抗原相互作用这一事实所证实），但却丧失了摧毁细菌的能力。由此可以推断，血清中一定含有某种或某组非常脆弱的成分作为抗体的补体，使之能够与细菌发生作用。博尔德把这种成分称为防御素（alexin），而埃利希则将它命名为补体，也就是我们现在所用的名称。1901年，博尔德又指出，当一抗体与抗原发生作用时，其补体便被耗尽。这一过程叫做补体结合，它在免疫学上证明是具有重要意义的。沃瑟曼发明著名的沃瑟曼梅毒诊断试验法依据的实际上正是补体结合。接着，博尔德于1906年又发现了百日咳杆菌，并研究出一种对这种病发生免疫作用的方法。1907年，他受聘担任布鲁塞尔大学细菌学教授。博尔德对免疫学的研究以他荣获1919年诺贝尔生理学或医学奖为其高潮，这是对他在补体结合方面的工作所给予的特别表彰。1920年，他写了一篇论述免疫学的文章，精湛地总结了当时有关该领域的全部知识。他

揭开生命活动的奥秘——人体生理学

一生获得许多荣誉。代表作为《传染病的免疫疗法》。

小知识

　　百日咳的英文名称意思是强烈的咳嗽，中文则称百日咳，但不是患者真会持续咳嗽100天，只是形容这种病咳嗽持续时间较长。实际上它是一种既激烈而又持久的咳嗽，民间有"鹭鹭咳"或"疫咳"之称。

名人介绍——梅达沃和免疫耐受性

　　彼特·布朗·梅达沃，1915年生于巴西。在牛津大学学习动物学，毕业后在诺贝尔化学奖获得者弗洛里博士指导下从事病理学研究，从此对医学产生了浓厚的兴趣。在第二次世界大战中，梅达沃受政府委托研究烧伤患者的植皮手术，为此他必须与外科医生合作，共同研究。

　　在研究中，他注意到第二次的植皮比第一次的植皮脱落得更快。这个现象对外科医生来说是众所周知的，不是什么新鲜事，可梅达沃觉得很奇怪。这以后，梅达沃才真正开始了皮肤移植的研究，直到用兔子和白鼠做试验，发现了免疫耐受性。梅达沃因发现获得性免疫耐受性现象，1960年与提出"获得性免疫的无性繁殖选择学说"的伯内特一起，荣获诺贝尔生理学或医学奖。

◆1960年诺贝尔生理学或医学奖获得者：彼特·布朗·梅达沃

来自澳大利亚的获奖者

◆伯内特在实验室工作

◆伯内特的诺贝尔获奖证书

弗兰克·伯内特,澳大利亚病毒学家和免疫学家。1899年9月3日生于澳大利亚维多利亚州的特拉拉尔根。他自20世纪30年代起即从事病毒学方面的研究,是首先研究噬菌体繁殖的学者之一。在病毒的研究方法上,他先后发表了《鸡胚在病毒研究中的应用》(1936)和《应用鸡胚培养病毒和立克次体》(1946)等专著,成为病毒学工作者的重要参考书。1937年他分离出Q热病原体和伯内特立克次体。1940年他利用鸡胚羊膜腔成功地分离出流感病毒,并对流感病毒的生长及其遗传学特性进行了深入的研究。

他对免疫学的第一个重要贡献是关于获得性免疫耐受的理论,认为在胚胎期给动物注射抗原,该动物不能产生抗体而是对该抗原获得了耐受性。这种看法在1953年已为英国科学家梅达沃等人的实验所证实。第二个重要贡献是关于抗体生成的理论。他基于分子遗传学的发展和实验观察,于1957年提出了有关抗体生成的克隆选择学说。认为机体存在着大量不同种类的淋巴细胞,每种细胞可由遗传决定产生一种特异性抗体。当抗原侵入时,刺激某种特定淋巴细胞活化和增殖,产生出一群遗传性相同的子代细胞,形成此种淋巴细胞的克隆(即由无性繁殖揭开生命活动的奥秘——人体生理学

产生的细胞系)产生出一种特异性相同的抗体。克隆选择学说的提出,促进了免疫学从血流抗体的研究转向细胞生成抗体的研究。他于1942年被选为英国皇家学会会员,1965年被选为澳大利亚科学院院长。1960年他因发现了免疫耐受现象与梅达沃共同获得诺贝尔生理学或医学奖。

 链接——中国人的贡献

在人类征服天花的历程中,中国发明的人痘接种法和真纳发明的牛痘接种法,都为消灭天花发挥了作用。著名微生物学家汤飞凡领导选定的牛痘"天体毒种"和由他建立的乙醚杀灭杂菌的方法,能在简单条件下制造大量优质牛痘疫苗,为我国提前消灭天花奠定了基础。特别是广泛接种牛痘以后,天花发病率明显降低。20世纪70年代后,天花在中国停止传播,80年代,天花在全世界被消灭。这是迄今为止人类消灭的唯一的一种传染病。

◆我国著名微生物学家汤飞凡

亲密无间"两兄弟"——抗原和抗体

生活中常常会出现一些怪异的现象,让人百思不得其解。鸡蛋的味道

你所不知的基因密码

◆人体每时每刻都存在抗原抗体反应

好,营养价值又高,很多人都爱吃鸡蛋,可是有的人吃了鸡蛋会又吐又拉,浑身发生疹块,甚至晕倒;某些花对很多人来说都会感到芬芳扑鼻,十分舒适,可是有的人一闻到这些花的香味就会感到恶心、头昏,如此等等。这叫过敏反应。在很长时间里,人们对这种过敏反应现象迷惑不解。直到1913年,查尔斯·罗伯特·里歇解开了过敏反应的真正原因,从此许多科学家投入到对免疫以及抗原抗体反应的研究中去。

发现过敏的科学家

查尔斯·罗伯特·里歇,法国生理学家和医学家,因发现和研究过敏反应,获得1913年诺贝尔生理学或医学奖。里歇的父亲为著名外科医师。里歇17岁当父亲的助手,后到巴黎大学就读,1877年获医学博士学位。1887年任巴黎大学生理学教授。其主要贡献是发明血清疗法和研究过敏反应。1888年证明给动物注射细菌后其体内可产生抗体。他又证实被动免疫现象:将一个免疫动物的血清输到另一个动物体内,可使它也产生免疫性。1890年,他第一次将抗血清注入人体,开创了现代血清疗法的先河。他通过反复试验,认识到免疫不仅是对

◆查尔斯·罗伯特·里歇(1850~1935年)

揭开生命活动的奥秘——人体生理学

机体起到保护作用，也会使机体产生病理反应甚至死亡，这种反应是机体对抗原性物质敏感性增强的结果，是免疫过度的表现。他把这种现象称为"过敏"。里歇的研究突破了传统观念，极大地推动了免疫学的发展。

多才多艺的科学家

　　查尔斯·罗伯特·里歇一生多方面的成就，抵得上好几个高龄而事业辉煌的人，以"奇才"著称于世界科学史。里歇多才多艺，可说是个奇才全才，他还是航空学的一位先驱，他还会驾驶飞机；他还是和平运动的宣传者和捍卫者；他写的诗委婉动人，他写的小说扣人心弦，他写的剧本经常在欧洲各地上演。

 小知识——免疫的基本知识

　　所谓"免疫"，顾名思义即免除瘟疫。用现代的观点来讲，人体具有一种"生理防御、自身稳定与免疫监视"的功能，叫"免疫"。免疫是人体的一种生理功能，人体依靠这种功能识别"自己"和"非己"成分，从而破坏和排斥进入人体的抗原物质，或人体本身所产生的损伤细胞和肿瘤细胞等，以维持人体的健康。抗原和抗体在人体的免疫功能中就像是一对"兄弟"，亲密无间地起到免疫平衡的作用。

◆人体的免疫功能十分重要，可保护人体免受细菌病毒等有害物质的侵犯

你所不知的基因密码

揭开"血型"的奥秘

◆奥地利生物学家兰茨泰纳

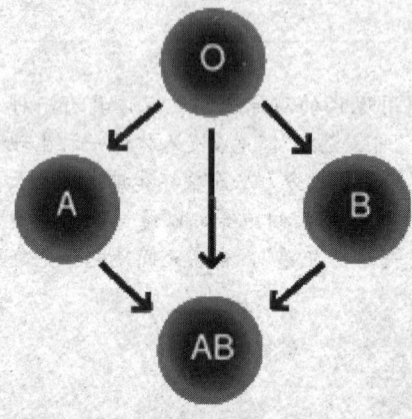

◆四种血型

兰茨泰纳1868年出生于维也纳。从小受犹太家庭传统教育，勤学文化。在少年时期他已偏爱医学，因此他读过的医学书籍较多。他读完中学后，于1885年考进维也纳大学，攻读医学专业。1891年获得医学博士学位，对医学有了较深的研究。

兰茨泰纳从小立志当名出色的医生，大学毕业后，即到一家医院当医生。他一边行医，一边从事病理学的研究和细菌学的探索。丰富的实践使他扎实的医学基础知识如虎添翼，研究进展迅速。1900年，他发现红细胞凝集现象是血清免疫反应的一种表现，这是他对医学研究的新突破。

1901年，经反复研究和实验后，他成功地将人类血液按红细胞质膜上所含糖蛋白的不同而分为A、B、O三种类型。1902年，他又发现了第四类型血型，即AB型。1908年，他第一次运用血清免疫原理进行临床试验，救活一名垂危的病儿。这一成功，使他名声大振，被医学界誉为医学上的创举。随着研究的成功而声誉腾升的兰茨泰纳被很多大学和名医院争相聘任。1908年，维也纳大学聘请他为病理学教授，在那里他除了从事教学外，用更多时间进行医学研究。后来，荷兰医学院又以优厚条件聘他到该校从事血型的分析实验。他减少了日常教学和行医事务，专心致志地进行研究和实验，结果很快有了新突破，总结出人类血型的检验方法。1930年，他因发现人类的主要血型系统及研究出ABO血型的检

揭开生命活动的奥秘——人体生理学

验方法，获得当年诺贝尔生理学或医学奖。

 科技导航

现代人的幸福生活

从20世纪50年代初期开始，医学家们陆续发明了从血液中分离红细胞、白细胞和血小板的技术，从而可以根据患者的需要提取不同的血液成分。这种成分输血成为输血术发展上的又一次革命。今天，输血是外科手术中的一个基本程序，多少人因为输血技术而获救。

 想一想——什么是抗原抗体？

抗原是一种能诱发机体产生特异性免疫反应的大分子物质，如蛋白质、多糖、核酸等。在自然界中抗原分布很广，如细菌、病毒、组织细胞、血细胞、血清蛋白、毒素、花粉等都含有抗原。抗体也就是免疫球蛋白（Ig），它能够识别相对应的抗原，并且与抗原特异性结合，这样就在体内中和或者排除抗原，保护了机体不受异物的侵犯。

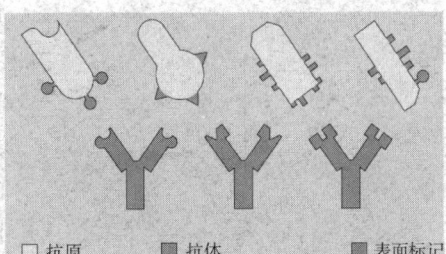

◆只有当抗原表面的标记和抗体表面标记相符合时，两者才能结合，从而发生反应

抗原抗体的结合实质上是抗原表位与抗体超变区中抗原结合点之间的结合。由于两者在化学结构和空间构型上呈互补关系，所以抗原与抗体的结合具有高度的特异性。

抗体化学结构的发现

免疫活性细胞是生物体内对抗原物质敏感并对之发生反应的淋巴细胞的统称，可分为胸腺依赖细胞（T细胞）和骨髓依赖细胞（B细胞），分别负责细胞免疫和体液免疫。免疫系统受抗原刺激后，B细胞转化为浆细胞，

你所不知的基因密码

◆杰拉德·M·埃德尔曼（左）和罗德尼·罗伯特·波特（右）

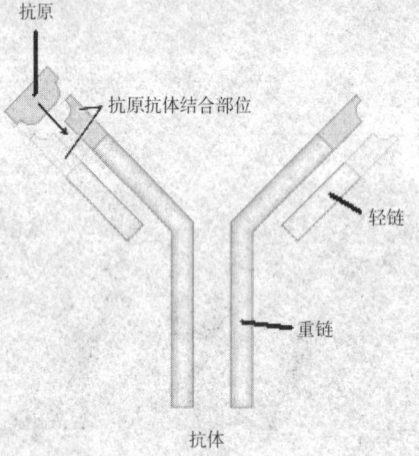

◆抗体的Y型结构示意图

由浆细胞产生能与抗原发生特异性结合的球蛋白，这类免疫球蛋白称为抗体。

B细胞怎样行使免疫功能？抗体究竟长什么样？这是免疫学研究的一个重大课题。20世纪50年代后，抗体的Y型结构和功能被阐明——英国人波特和美国人埃德尔曼，因这项研究而获得1972年诺贝尔生理学或医学奖。当时，医学界探究"抗体是怎样产生的"这一课题形成高潮。

杰拉德·M·埃德尔曼和罗德尼·罗伯特·波特，前者是美国医学家，后者是英国免疫学家。他们证实：抗体是由四条多肽链（两条轻链和两条重链）组成的"Y"形结构，"Y"的每个分支由重链的上半部和轻链组成，是与抗原的结合部位；"Y"的下半部分则由重链的下半部组成；多肽链间有二硫键相连。这是免疫学中的又一重大成就。

 想一想——为什么不同血型的人不能相互输血？

血型是以血液抗原形式表现出来的一种遗传性状。狭义地讲，血型专指红细胞抗原在个体间的差异，但现已知道除红细胞外，在白细胞、血小板乃至某些血浆蛋白，个体之间也存在着抗原差异。以最简单的红细胞抗原来划分，人类有A、B、O以及AB型4种血型。红细胞含A抗原和H抗原的叫做A型，A型的人血清中含有抗B抗体；红细胞含B抗原和H抗原的叫做B型，B型的人血清中含有抗A抗体；红细胞含A抗原、B抗原和H抗原，叫做AB型，这种血型

揭开生命活动的奥秘——人体生理学

的人血清中没有抗A抗体和抗B抗体；红细胞只有H抗原，叫做O型，O型的人血清中含有抗A抗体和抗B抗体。因此，血型相同的人可以相互输血，而血型不同的人相互输血必将引起抗原抗体反应，造成死亡。不过，其中O型血的人虽然只能接受O型血，却可以给O型血以外的任何人输血。与此相反，AB型可以接受任何不同血型的血，却只能给AB型血的人输血。

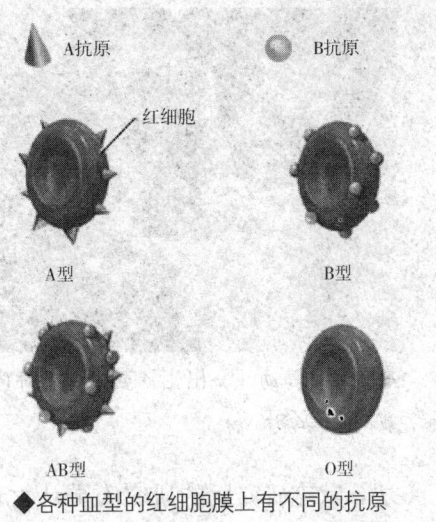

◆各种血型的红细胞膜上有不同的抗原

布卢姆伯格和澳大利亚抗原

人们知道肝炎这一疾病已有几个世纪，但在二次世界大战前，医生们还不知道它是由什么病毒引起的。因为它常发生于人口密度大、卫生条件差的地区，当时已被视为具有传染性，但是它是如何传播的，仍然是个谜。

20世纪40年代发现血液能传播乙型肝炎后，医学家们就开始寻找引起乙肝的病原微生物，但是花了20多年的时间仍没有结果。直到20世纪60年代，一位从事内科学和生物化学研究的专家布卢姆伯格，才改变了这种状态。那时，布卢姆伯格在美国健康研究院（NIH）工作，他的兴趣不是肝炎，而是一个基础问题：血清抗原的遗传多态性与疾病易感性的关系。1966年初，一个偶然的发现使布卢姆伯格和

◆布卢姆伯格（1925～）

你所不知的基因密码

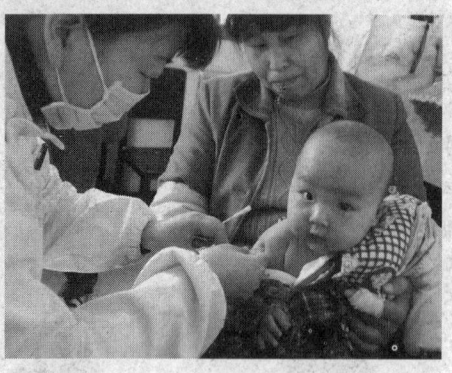

◆现在，婴幼儿一出生就要接种乙肝疫苗，预防感染乙肝

合作者们开始考虑澳大利亚抗原（现名乙肝表面抗原）与肝炎的关系。在做了更多的试验后，布卢姆伯格等人在1966年底发表论文，提出澳大利亚抗原与急性病毒性肝炎之间有密切关系，可能通过输血传染。布卢姆伯格因他的澳大利亚抗原工作而于1976年获得了诺贝尔生理学或医学奖。

布卢姆伯格等人提出的用人类血液病毒的一个子单位做疫苗的想法，默克研究所的研究人员认为这个想法对疫苗的制备有重要意义，于1971年从布卢姆伯格所在的研究机构获得许可，开始了乙肝疫苗的应用研究。经过多年大量的研究和测试，终于研制成功从血液中提纯乙肝表面抗原制备的乙肝疫苗的产品，该疫苗能提供高于90%的乙肝免疫力，用血液生产的疫苗1981年投入使用，这就是第一代疫苗——血源性疫苗。

 链接：抗体信息是怎样被遗传的？

1987年10月12日，在美国从事科研工作的日本学者利根川进获得诺贝尔生理学或医学奖。他的研究阐明了人体怎样产生千千万万不同的抗体来抵御疾病。

人体内的各种蛋白质是由大约不足10万个（最新的说法为3万个左右）的基因制造出来的，其数量多达1亿种以上。而过去科学家们不知道人体的这种免疫能力是怎样遗传的。利根川进应用新的分子生物学的技术和方法论，在研究中发现，这种抗体基因不是作为完整的基因，而是作为片段散布在染色体上遗传给下一代的。利用顺序组合的原

◆利根川进（1939～）

揭开生命活动的奥秘——人体生理学

理,这些有限的抗体基因片段通过种种组合,形成数量巨大的新的抗体基因。这就是他发现的"抗体多样性生成的遗传规律"理论的核心内容。他因此而在1987年荣获诺贝尔生理学或医学奖。

你所不知的基因密码

激素是生命的重要物质

◆都是激素惹的祸

激素音译为荷尔蒙。希腊文原意为"奋起活动"。内分泌激素虽然在血液或淋巴液中含量甚微，但在个体发育过程中却起着重要的作用。众多的内分泌激素对细胞组成生长、分化、发育、繁殖，以及生命体各种生理过程的"恒稳态"和生理周期现象，甚至情绪行为等，都起着准确而有效的调控作用。因此，激素是我们生命中的重要物质。如果滥用激素的话，会对人体产生意想不到的不良影响。

追寻未知物质19年

亨奇在美国担任梅奥风湿性关节炎研究中心主任的时候，观察到一种现象：某风湿病患者在黄疸病期间关节炎症状明显消失，但黄疸病治好后关节炎又犯了。另外，他还注意到，妇女在妊娠期间关节炎症状也会有所减轻。他认为，一定有某种未知的物质使得症状暂时消失或减轻。为了求得答案，他仔细探索了与妊娠、黄疸有关的物质，但没有成功。

这时，同在该研究中心工作的生化部负责人肯德尔博士着手进行分离提纯皮质激素的试验。为了保证提取原料的来源，他与从前工作过的帕克·戴维斯制药公司签订了合同，把该公司用于提取肾上腺素的副肾中的皮质部分留给肯德尔实验室使用。后来又陆续与其他制药公司签订了同样的合同。就这样，肯德尔实验室几乎成了皮质激素制造厂。他们一共用了近3万千克的副肾。

经他分离提纯的皮质激素是一种脂溶性化合物与具有高度亲水性的类化合物的混合物。他从这种混合物中分离出8种化合物。他认为，其中化合物质E的皮质激素活性最大。该化合物的出现，增强了亨奇寻求未知物质的信心，于是他马上申请进行该物质的临床试验。

亨奇博士的关节炎患者得到一天一次肌肉注射100毫克的皮质激素的试验性治疗，结果患者的病状有了明显改善。这距离肯德尔分离出皮质激素的化合物E（后认定就是可的松）已经整整过去8年了。这与亨奇早年观察到的黄疸出现两三天后风湿症状减轻的临床症状完全吻合。

◆当年的化合物质E就是可的松，这是它的结构图

◆肯德尔（右二）和亨奇（右）在可的松被发现的实验室里

点击

这个结果是在亨奇想到或者说是怀疑到有某种物质存在的19年后得到的。因此，亨奇和肯德尔博士为此获1950年诺贝尔生理学或医学奖。

你所不知的基因密码

名人介绍——亨奇和肯德尔

菲利浦·寿瓦尔德·亨奇1896年生于美国。匹兹堡大学医学院毕业。经过进修，在梅奥研究所工作，任新设的风湿病研究中心主任。1948年，他将肯德尔分离出来的可的松用于患者，取得显著疗效，为肾上腺皮质激素用于治疗提供了依据。

爱德华·卡尔文·肯德尔，1886年生于美国。在哥伦比亚大学获哲学博士学位后进入帕克·戴维斯制药公司工作，从事甲状腺素的

◆亨奇（左）和肯德尔（右）因发现了肾上腺皮质激素的结构和生物作用而获得1950年诺贝尔生理学或医学奖

研究。自1914年起，直到退休，他一直在梅奥医院工作。因其在肾上腺皮质激素的分离、合成方面的业绩，1950年获诺贝尔生理学或医学奖。

异军突起，后来居上

◆和赖希斯泰因合作的Organon公司图标

赖希斯泰因1897年生于波兰。他在瑞士的苏黎士理工学院学化学，靠一边在公司工作，一边在母校继续研究，取得博士学位。之后，他辞去工作，在母校的有机化学教研室担任讲师，从事类固醇的研究。为了寻找有关更实用的天然物质的课题，他认识了荷兰欧加农公司的科技部长。

欧加农公司科技部长让他阅读了肯德尔博士分离肾上腺皮质激素并鉴定其生化性质的论文，希望他能从事鉴别、合成皮质激素的研究。赖希斯泰因被说服了，与欧加农公司签订了共同研制皮质激素的合同。合同规定由赖希斯泰因负责从该公司提供的粗制皮质提取物中分离其活性物质，而

欧加农公司则负责测定活性物质的生理功能和机制。

他从事的只是能够充分发挥其天才技能的那部分实验工作，其他工作都交给欧加农公司完成。这种天衣无缝的合作形式使他们的研究进程很快就超过了肯德尔博士。他们从皮质提取物中分离出26种化合物，明确了其中11种化合物的结构，最具活性的醋酸氢化可的松的结构也在其中，还成功地合成了醋酸氢化可的松的母体——可的松，从学术研究上也压倒了肯德尔，因此获1950年诺贝尔生理学或医学奖。

◆1950年诺贝尔生理学或医学奖获得者：赖希斯泰因

小知识——创立第二信使学说

厄尔·维尔伯·萨瑟兰，美国生理学家，1971年诺贝尔生理学或医学奖得主。1915年11月19日出生于堪萨斯的金沙，1937年毕业于堪萨斯沃什伯恩大学，1942年获华盛顿大学圣路易斯医学院医学博士学位。第二次世界大战期间，在美国陆军服役，战后回到华盛顿大学。1953年任俄亥俄州西方储备大学医学部主任，1963年在范德比尔特大学（田纳西）成为生理学教授，直到1973年。1974年任美国迈阿密大学生物化学系教授。

早在20世纪50年代，萨瑟兰就研究肾上腺素在肝脏调节糖原降解为葡萄糖中所起的作用，萨瑟兰是最先发现肾上腺素行为激活酶（磷酸）导致糖原形成葡萄糖

◆美国生理学家厄尔·维尔伯·萨瑟兰

你所不知的基因密码

的。1960年他发现在这种方式启动下会发生前所未有的巨大物质作为中介过程,萨瑟兰将其称为"第二信使"(激素本身是第一信使),这种新发现的物质是"环磷酸腺苷"。萨瑟兰的发现意味着肾上腺素诱导的肝细胞形成一个"环磷酸腺苷"。为此荣获1971年诺贝尔生理学和医学奖。

前列腺素的研究

1982年10月11日星期一,位于瑞典斯德哥尔摩的卡罗琳医学院正式宣布将本年诺贝尔生理学或医学奖颁给两位瑞典籍及一位英国籍的科学家,推崇他们在前列腺素方面的研究所作的贡献。这三位得奖者是英国的万恩,55岁,现任英国卫尔康研究所主任;瑞典的萨米埃尔松,48岁,卡罗琳医学院院长;以及今年66岁的贝格斯特隆。贝格斯特隆博士同时还身兼诺贝尔基金会的董事长,不过那只与基金会的行政业务有关,与得奖者的选拔过程无涉。

◆本特・英吉玛・萨米埃尔松、约翰・罗伯特・万恩、贝格斯特隆

大约在半个世纪前,两位美国妇产科医生发现人类新鲜的精液中含有一种未知成分,会引起子宫肌肉的收缩。随后高布拉特在英国与瑞典的冯・欧拉几乎同时发现精液不仅能引起子宫肌肉的收缩,注射到动物身上还有降低血压的效果。

冯・欧拉接着就试着要纯化这个有趣的成分,但发现纯化的过程极端困难,进展缓慢,当然这部分也是受到当时分离技术的限制。直到1947年贝格斯特隆出现后,冯・欧拉便鼓励这位年轻人向这个问题挑战,贝格斯特隆接受了这个劝告,在往后的35年里便全心全意地投入在前列腺素的研揭开生命活动的奥秘——人体生理学

究里。不仅如此，他还引领了另一名学生——萨米埃尔松也走进了这个复杂而奥妙的领域中。贝格斯特隆花了十年的努力才在纯化工作上有了一些突破，1957年他的研究小组首先纯化出两种前列腺素的结晶，往后借重了当时刚刚萌芽的一些新技术，如气体色层分析、质谱仪和X光分析等，还花了五年的时间才把那两种前列腺素的化学结构决定出来，并且命名为前列腺素E1及F1α。贝格斯特隆同时发现前列腺素实际上不只两种，还有许多结构相似的化合物也包含其中，现在已知的前列腺素系列已经超过20种以上。

长久以来，人们对前列腺素在体内组织分布的情形就很有兴趣，但一直弄不清究竟前列腺素在体内的代谢过程，万恩在1967年发展出一套灵敏的测试方法，才使科学家有办法追踪前列腺素在体内的来龙去脉。这是万恩对前列腺素研究所作的一个重要贡献。

 知识库——前列腺素名字的由来

1935年，冯·欧拉初步鉴定在精液中那些有生理活性的物质是属于一种脂溶性的有机酸，便命名为前列腺素，这个命名并不十分对，因为这种有机酸是由精囊而非前列腺分泌到精液中的。无论如何，这个名字现在已经被大家接受，可算是科学界一个积非成是的例子。

 展望——前列腺素研究方兴未艾

当前有关前列腺素各方面的研究仍然方兴未艾，仅以国际前列腺素会议的规模为例，1966年首次在瑞典召开时仅有35篇论文发表，到了1979年第四次大会在美国华盛顿特区召开时，论文集三大册共2 000多页，作者超过900人，可见其研究成长的速度。

◆洋葱是极少数含有前列腺素A的蔬菜

 你所不知的基因密码

探索复杂的脑

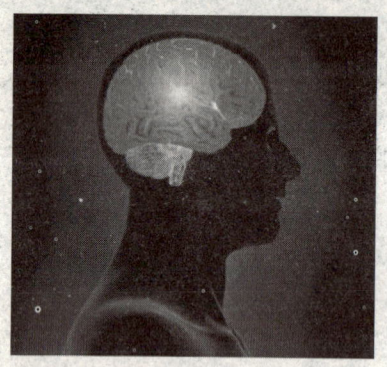

◆神秘的"司令部"——大脑

自古以来,人类就一直在探求"心"的奥秘,追根究底地想要知道"心"到底存在于哪个部位。现代医学则认为,"心"是由脑部的作用所产生,而负责"心"功能的,则是脑部纵横交错的神经细胞网络。成人的脑重量为 1 200~1 500 克。组成成分约有 77% 是水分,10% 是脂肪,其余则由蛋白质、氨基酸、糖等物质所构成。"用进废退"是自然界的普遍法则。实践证明,人用脑越勤,大脑各种神经细胞之间的联系越多,形成的条件反射也越多。科学家们对于这个"司令部"的研究从来没有停歇过。

临床外科医师的成就

自从 1901 年以来,到 2009 年为至曾经获得诺贝尔生理学或医学奖的共有 194 位医学专家,其中大多数是基础医学研究者,临床科学家的确非常之少,临床外科医生更是少之又少。但是与其说这些基础医学的发现与临床外科的领域并无直接关联,不如说这些发现与他们丰富的外科经验相得益彰。

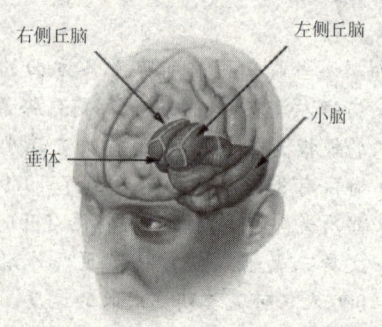

◆间脑的结构

揭开生命活动的奥秘——人体生理学

◆华特·赫斯

瑞士苏黎世的华特·赫斯医生在大学毕业后对控制血流和调节呼吸的中枢神经系统甚感兴趣，1912年毅然决定要做生理学家。第一次世界大战期间他前往德、法、英三国，受到几位生理学大师的熏陶。1917年他回瑞士，被选为苏黎世大学生理研究所所长。在实验室里，他深入研究"间脑"，发现它有监管和控制内脏的活动，协调并自动纠正躯体的动作。他详细观察并分析患者的神经症状，认为发现间脑在这些过程中与前庭器官引起的行动有关联。1949年赫斯医生因为对间脑的研究，和莫尼斯医生共同获得诺贝尔生理学或医学奖。

 链接：寻找情绪中枢的赫斯

赫斯医生在动物实验中偶尔见到间脑刺激与行为方式的关系，因此提出"感情力"的理论，不久这成为"生物心理学"的主题。他采用电极刺激猫的下丘脑的某一区域时，意外地发现猫表现出典型的假怒反应：弓腰、咆哮、嘶叫、张牙舞爪，然而并无具体的目标对象。

由于他的发现，心理学与生理学之间的鸿沟开始弥缝补合，行为的研究和中枢神经系统具体组织之间紧密联系。这些发现促使人们对情绪的脑机制进行深入的研究。

◆人的情绪与间脑有关

你所不知的基因密码

受争议的获奖者

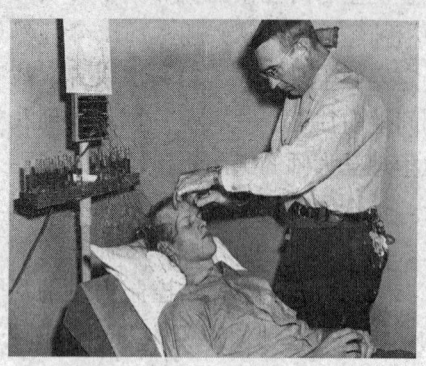

◆医生在为患者施行前额白质脑叶割除手术

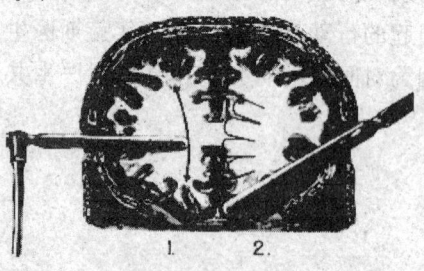

◆前额白质脑叶割除手术是切断额叶脑白质与下行神经组织的联系

葡萄牙里斯本的莫尼斯（1874～1955年）毕业于葡萄牙哥英布拉大学，1902年成为这所学校的教授。1911年他担任里斯本圣玛丽亚医院医师，后来当里斯本科学院主任和院长。他曾经是巴黎、马德里、伦敦、里约热内卢、美国以及南美几个国家的科学院院士。1903年他开始从政，担任过葡萄牙议会副会长、葡萄牙驻西班牙大使、外交部长。1918年巴黎和会他是葡萄牙代表团主席。莫尼斯医生在神经医学的贡献是：1935年发明前额白质脑叶割除手术，以及1931年发明脑血管造影术。前者是用来治疗精神分裂病患者的外科手术，他因此而获得1949年的诺贝尔生理学或医学奖；后者则是用来诊断脑瘤，是当时最先进的影像诊断方法。据了解，莫尼斯医生的绝大多数患者，其脑叶割除手术其实都不是他本人做的，而是由他的神经外科同事操刀。莫尼斯医生后来被他的一个患者枪杀未死，竟从此瘫痪终身。他创始的手术也引起全世界的争议和道德关切，部分的原因是：学习他的美国医生将手术方法修改，变得非常残忍，而且滥用到极不道德的程度。美国国会接受听证后终于立法禁止，世界各国也随同禁止该手术。

 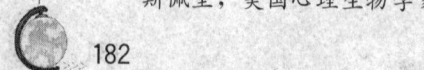

链接：左右大脑分工与合作

斯佩里，美国心理生物学家生于康涅狄格州哈特福德。1935年毕业于奥伯

揭开生命活动的奥秘——人体生理学

林学院，获文学士学位。1941年获芝加哥大学哲学博士学位。1942~1946年在耶基斯实验室从事研究工作。1946~1952年任芝加哥大学讲师，1952年任副教授。1954年后任加利福尼亚理工学院心理生物学教授。是美国国家科学院院士，美国科学促进会、心理学会、生理学会、神经学会、解剖学家协会会员，国际脑研究组织成员。斯佩里重要成就是发现"大脑半球功能分工"。斯佩里以精确实验证实大脑两半球在功能上明显

◆罗杰·斯佩里在实验室工作

分工：左半球同抽象思维、象征性关系、细节逻辑分析有关；右半球在具体思维能力、空间认识能力、对复杂关系理解能力方面比左半球优越，在计算能力和语言方面不及左半球。斯佩里的研究揭开大脑两半球秘密，为人们了解大脑更高级功能提供新观念。1981年，斯佩里与哈贝尔，韦塞尔共获诺贝尔生理学或医学奖。斯佩里在神经学研究方面提出神经元化学亲和力学说，使神经科学得到新发展。

斯佩里的"裂脑人"实验

最初，斯佩里是对动物进行裂脑研究的。他把猫、猴子、猩猩联结大脑两半球的神经纤维（最大的叫胼胝体）割断，称为"割裂脑"手术。这样两个半球的相互联系被切断，外界信息传至大脑半球皮质的某一部分后，不能同时又将此信息通过横向胼胝体纤维传至对侧皮层相对应的部分。每个半球各自独立地进行活动，彼此不能知道对侧半球的活动情况。

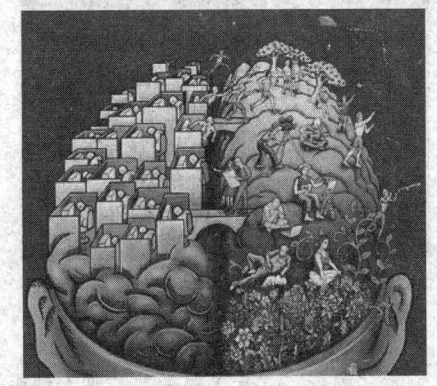

◆人的左右大脑既有分工又有合作

后来临床上真的得到了"裂脑人"病例——有一种脑部疾患叫做"癫痫"，疾病大发作时患者会突然丧失意识，倒地，全身肌肉发出抽搐，并伴有咬舌、流涎、尿失禁等症状。斯佩里为了医治此病，将患者的连接大

183

你所不知的基因密码

脑两半球的主要神经纤维"胼胝体"切断，使一侧大脑半球的病灶所产生的神经电暴不能扩散到另一半球去。手术后患者的病情得到了极大的改善，而且也未出现不良的后遗症，如人格和智力的改变等等。然而经过这样手术的人，毕竟与常人有所不同了，他们实际上成了有两个独立的大脑的所谓"裂脑人"。

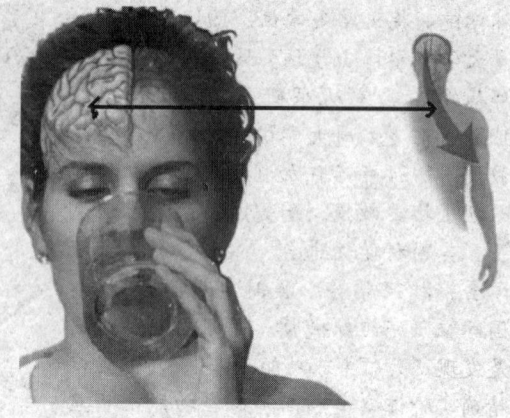

◆一侧大脑半球支配对侧肢体的活动

 广角镜——"裂脑人实验"

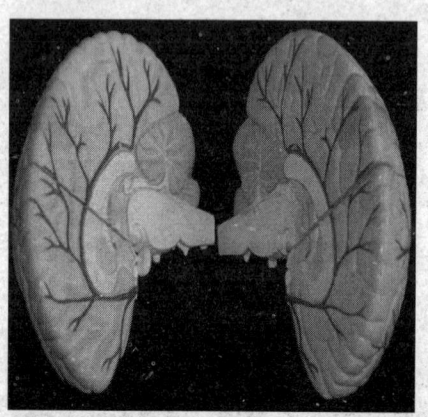

◆将两侧大脑的联系切断后，人的表现将出乎意料

从1961年开始，斯佩里等人长时间地对"裂脑人"进行了一系列的实验研究。例如，在一个实验中让一个"裂脑人"坐在挡住他双手的屏幕前，视线凝神屏幕中心的一点，然后在屏幕上用0.1秒的时间闪现"帽带"这个词（"帽"呈现在左半屏幕，"带"呈现在右半屏幕），由于呈现时间短得"裂脑人"的眼睛来不及移动，"帽"就转到了右半球，"带"传递到了左半球。

当要求裂脑人说出他看到了什么时，他只回答看到了"带"字。进一步要求"裂脑人"说出"带"的种类，他只好猜测是"胶带"、"音乐磁带"、"捆人的带子"等等。这表明语言中枢在左半球。如果在左半屏幕闪现一个物体的名称，从而使这个词传递到右半球，"裂脑人"虽然不能说出物体的名称，但能用左手从一堆他看到的物体中选出这个物体。表明虽然右半球有一些语言的功能，但语言中枢位于左半球。还有的研究表明，音乐和艺术能力以及情绪反应等与右半球有更大的关系。对于正常人来说，大脑两半球虽然存在功能的分工，但是大脑始终是作为一个整体而工作的。他的研究深入地揭示了人的言语、思维和意识与两个半球的关系，成绩卓著，最终获得了1981年度诺贝尔生理学或医学奖。

  科技导航

左脑和右脑的分工

人的大脑两半球存在功能上的分工。对于大多数人来说，左半球是处理语言信息的"优势半球"，它还能完成那些复杂、连续、有分析的活动，以及熟练地进行数学运算；右半球虽然是"非优势的"，但是它掌管空间知觉的能力，对非语言性的视觉图像的感知和分析比左半球占优势。

唾液引出的诺贝尔奖

斯坦利·科恩和丽塔·莱维—蒙塔尔奇尼是美国华盛顿大学的同事。在1951年，他们从动物用舌头舔伤口的行为中得到启发，推测在动物的唾液中一定含有某种能促进细胞生长的物质。果然，当年这两位学者就从小鼠的唾液里分离出两种物质，其中的一种竟能促进神经细胞的生长和发育，另一种则对皮肤表皮细胞的生长发育具有强烈的刺激作用。他们把前者命名为神经生长因子（NGF），把后者称为表皮生长因子（EGF）。他们继续研究发现，这些生长因子天然存在于哺乳动物的唾液中，也存在于人的唾液里。而且生长因子是机体细胞基因的产物，各种细胞都能合成这类生长因子，而不仅限于唾液腺细胞。

◆1986年的诺贝尔生理学或医学奖获得者：斯坦利·科恩（左）和蒙塔尔奇尼（右）

为了表彰斯坦利·科恩和蒙塔尔奇尼在该领域的贡献，1986年诺贝尔奖评委会授予他们诺贝尔生理学或医学奖。

 你所不知的基因密码

他们预感到表皮生长因子对基础医学和医学的重大意义，因此对它紧追不舍。1959年，科恩和莱维—蒙塔尔奇尼共同阐明了表皮生长因子的化学成分和结构。原来EGF是一种多肽，为50个氨基酸长度的短链蛋白，通过细胞膜上的特异受体而发挥作用。EGF与受体结合后，激活了细胞内蛋白激酶，这种酶能改变其他酶的活性，从而刺激表皮细胞增殖。另外，在他们的指导下，NGF的生化结构和生理作用也被初步探明。

随着当代生命科学的不断发展和对生长因子领域的不断研究，科学家发现的各种生长因子已经超过20种，分为几大类。

 知识库——NGF的作用

NGF是由118个氨基酸组成的多肽。把NGF敷于伤口，能使伤口愈合速度提高4~5倍。NGF在早期能促进神经细胞分裂，在细胞分化期能促进感觉神经和交感神经细胞成熟，而且还能防止细胞生理功能衰退。

 名人介绍——倔强的女性诺贝尔奖获得者

◆百岁的丽塔·莱维—蒙塔尔奇尼

丽塔·莱维—蒙塔尔奇尼1909年生于意大利。因为是犹太人，大学毕业后没能在大学谋得工作，她只好在家中建立实验室，从事研究工作。就是因为她的这种坚持研究的热情，所以才获得去美国留学的机会。1947年受华盛顿大学邀请，与汉伯格教授开始共同研究。1986年，因对神经生长因子的研究成果而获诺贝尔生理学或医学奖。在2009年蒙塔尔奇尼的百岁生日时，Nature杂志在封面上刊登了她的照片。

揭开生命活动的奥秘——人体生理学

是谁挽救了帕金森患者？

2000年两名美国科学家和一名瑞典科学家因为在神经学领域的重大发现而共同获得了诺贝尔生理学或医学奖，他们的研究成果有益于人类研制出更有效地治疗帕金森症和精神分裂症等神经疾病的药物。

◆获得2000年诺贝尔生理学或医学奖的阿尔维德·卡尔森（左）、保罗·格林加德（中）及埃里克·坎德尔（右）

他们是来自瑞典的阿尔维德·卡尔森和美国科学家保罗·格林加德及埃里克·坎德尔。卡罗琳医学院认为："上述三位科学家的重大发现，对理解脑部在正常情况下的运作原理以及类似信号传送如果受到干扰会引发何种神经和生理疾病将产生至关重要的作用。这些发现还将导致医药学研制领域的重大进展。"

人脑中共有数千亿个神经细胞，这些神经细胞通过一个异常复杂的神经网络相互连接。由一个神经细胞传

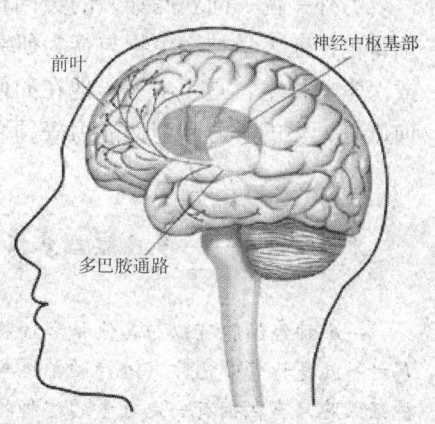

◆大脑内存在多巴胺神经通路，该通路障碍会导致帕金森等一系列疾病的发生

往另一个神经细胞的信息可以通过不同的化学传送器进行，这种信号传送在特殊的接触点进行，这种接触点被称作神经键。

187

你所不知的基因密码

◆昔日拳王阿里难逃帕金森病的阴影

卡尔森是自1982年以来首位获得诺贝尔奖的瑞典科学家。他的研究成果使人们认识到帕金森症（患有该疾病的患者无法控制身体动作）和精神分裂症的起因是由于患者的脑部缺乏多巴胺，并据此可以研制出治疗这种疾病的有效药物。此外，卡尔森还做出了其他几项进一步的发现，这些发现使人们更清楚地意识到多巴胺在脑部中起到的重要作用以及精神分裂症可以通过药物进行有效的治疗。

格林加德是美国纽约市洛克菲勒大学分子与细胞神经科学实验室主任及教授，这位美国科学家被授予诺贝尔生理学或医学奖，是因为他在多巴胺以及其他一系列脑神经信号传送器对人类神经系统产生何种作用这一研究领域做出了几项重大发现。

另外一位一同获此殊荣的美国科学家坎德尔，出生于奥地利，现为美国哥伦比亚大学神经生物与行为研究中心主任，他此次成为诺贝尔生理学或医学奖得主，是为了表彰他在如何对神经键进行修改以及这种修改将如何影响人类的学习和记忆能力等领域获得的重大研究成果。

 知识库——多巴胺及其作用

一个神经细胞可以与其他神经细胞进行上千条类似信息的传送。这些化学信息之一就是称作多巴胺（治疗脑神经疾病的药物）的一种类似激素的物质，脑部神经细胞只有在拥有一定数量的这种物质时才能正常工作。

解读生命密码

——遗传学和基因

在民间流传着这样一句话："种瓜得瓜，种豆得豆。"这句话概括了遗传的全部内涵。也就是说，自然界的万物都是遵循着一定的规律来繁衍后代的。各类生物只能产生同种的后代，并继承前代的基本特征。牛生小犊，山羊生羔，猫的后代是猫，狗的后代是狗，鸡蛋孵出来只能是雏鸡，鹰孵出来必然是小鹰。这样"同类产生同类"的现象就是遗传。每一物种只能产生出同一物种，绝不可能生出另一物种来。从古到今，有谁见过母猪生出一群小象？母牛产下了一只羊？

人类认识世界是为了改造世界。科学家们还在不断地取得新的研究成果，随着人类解开遗传之谜和生命科学的发展，在不远的将来，人类将可以按自己的意志来制造新的生物，将可以通过修复和调节基因来治疗疾病，改造生命自身。

解读生命密码——遗传学和基因

细胞结构和功能的重大发现

1665年英国科学家虎克首先发现细胞，19世纪50年代提出的细胞学说确立细胞的重要性。然而由于研究条件所限，当时人们对细胞结构的理解较为简单，如动物细胞一般由细胞膜、细胞质和细胞核构成，这一时期可看作经典细胞生物学时期。在随后大约100年的时间内，细胞生物学领域进展一直较为缓慢。20世纪40年代，随着新技术的发明及在生命科学领域的广泛应用，细胞生物学研究取得了质的飞跃，使人们对细胞亚显微水平的结构和功能有了全面的认识和理解，标志着现代细胞生物学时期的到来。

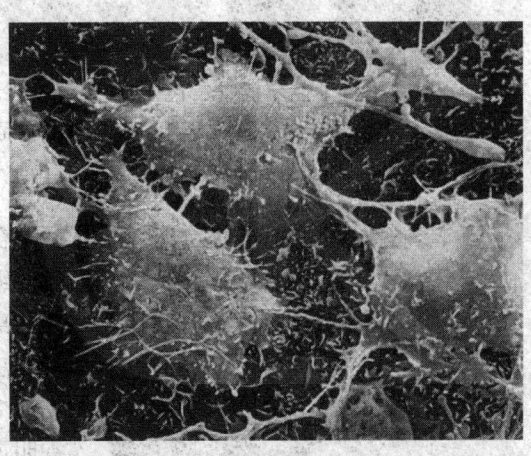

◆细胞的结构

细胞内结构的重大发现

1974年诺贝尔生理学或医学奖授予比利时纽约洛克菲勒大学的克劳德（1899～1983年）、比利时纽约洛克菲勒大学的德迪维（1917年～）和美国耶鲁大学医学院帕拉德（1912年～），以表彰他们发现了细胞的结构和各结构的功能。

克劳德在20世纪30年代用了5年时间研究劳斯鸡肉瘤的组成。他偶然发现试管底部沉淀有细胞粗提物的嗜碱性成分，也就是微体，但当时看来是一种没有结构（因为当时只有光学显微镜）的胶体。

你所不知的基因密码

◆阿尔伯特·克劳德（左）、克里斯汀·德迪维（中）、乔治·帕拉德（右）因发现了细胞的结构和各结构的功能而获得1974年诺贝尔生理学或医学奖

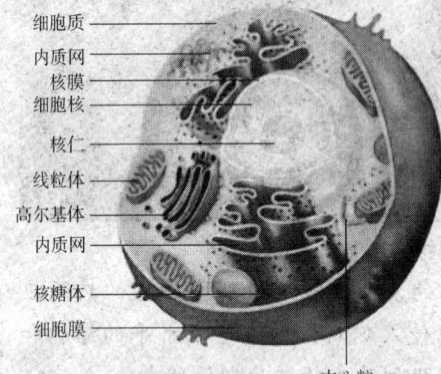

◆细胞超微结构

在以后的10年里，他研制出了破碎细胞的方法和用于分离细胞成分的离心法。他利用自己发明的这些方法分离出了线粒体、微粒体、小泡体、核蛋白体等，并且进一步查明了线粒体具有细胞内的发电器功能，核蛋白体是蛋白质合成的场所等细胞内各类微粒子的生理机制。他得出结论认为，绝大多数的细胞色素氧化酶、琥珀酸氧化酶和细胞色素C这三种呼吸系统负责氧的摄取的重要成员，都分布在线粒体之中。他把线粒体称为"细胞的真正的能源工厂"。他有幸第一次使用电子显微镜来研究细胞器。

点击

克里斯汀·德迪维是一位细胞学家与生物化学家，出生于英国，是比利时移民的后裔。1920年与家人一起回到比利时。德迪维主要的研究领域在生物化学与细胞生物学，他发现了细胞中的一些胞器，包括过氧化体与溶体。

解读生命密码——遗传学和基因

 **轶闻趣事——从铁匠到科学家**

克劳德本来是一名与学问毫无关系的铁匠，后来参加了第一次世界大战。战后，他为了能当上铁匠师傅，考入矿山学校学习。在学校里，他第一次接触到了化学，萌生了做学问的念头。23岁考入比利时列日大学医学院，后到柏林留学。留学后移居美国，在洛克菲勒研究所工作。由于建立了细胞破碎法和离心法，并利用这些方法发现了细胞内的各种微粒子，1974年获诺贝尔生理学或医学奖。1983年逝世。

点击

埃尔温·内尔1944年生于德国。自1983年起任生理物理化学研究所膜生物物理学部负责人。解决了可以直接测定出单个离子通道电流的"膜片钳技术"。萨克曼，德国科学家，与德国细胞生理学家内尔合作发明了应用膜片钳技术，发现了细胞膜存在离子通道。

细胞也有通道

在1991年10月7日的诺贝尔奖金颁奖大会上，诺贝尔生理学或医学奖授予给了埃尔温·内尔和贝尔·萨克曼，因为他们的重大成就——发现了细胞膜上单离子的通道。

细胞是通过细胞膜与外界隔离的，在细胞膜上有很多通道，细胞就是通过这些通道与外界进行物质交换的。这些通道由单个分子或多个分子组成，允许一些离子通过。通道的调节影响到细胞的生命和功能。内尔和萨克曼合作，发明了应用膜片钳技术，该技术是一种广泛用于细胞生物学及神经科学研究的方法，可借以检验小至1/万亿安培的通过细胞膜的电

◆埃尔温·内尔和贝尔·萨克曼共同获得1991年诺贝尔奖

你所不知的基因密码

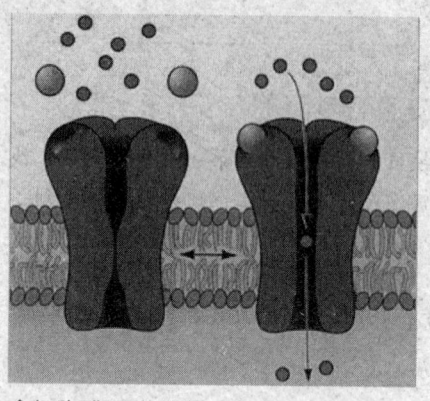

◆细胞膜通道结构：左侧为关闭状态，右侧为开启状态

流。结果他们发现当离子通过细胞膜上的离子通道时，会产生十分微弱的电流。内尔和萨克曼在实验中利用与离子通道直径近似的钠离子或氯离子，最后达到共识：离子通道是存在的，以及它们如何发挥功能的。有一些离子通道上有感应器，他们甚至发现了这些感受器在通道分子中的定位。离子通道是一些具特征性的机制，有的仅允许阳离子通过，有的仅允许阴离子通过，接着他们研究了多种细胞功能，终于发现离子通道在糖尿病、癫痫、某些心血管病、某些神经肌肉疾病中所引起的作用，这些发现使研究新的更为特异性的药物疗法成为可能。

谁在掌控细胞生长？

2001年诺贝尔生理学或医学奖授予美国科学家利兰·哈特韦尔与英国科学家蒂莫西·亨特和保罗·纳斯，以表彰他们发现了细胞周期的关键分

◆2001年诺贝尔生理学或医学奖授予利兰·哈特韦尔（左）、蒂莫西·亨特（中）和保罗·纳斯（右）以表彰他们发现了控制细胞周期的关键物质

解读生命密码——遗传学和基因

子调节机制。

哈特韦尔、纳斯和亨特三人的发现，对研究细胞的发育有重大的影响，特别是对开辟治疗癌症新途径将具有极其深远的意义。

虽然三位科学家的获奖工作是20多年前完成的，但事实上这方面的研究迄今仍方兴未艾，细胞周期及调控理论，指导我们深入探讨复杂的生理和病理现象，以揭示生命之谜。

 小知识——细胞生长也有周期

细胞的生长、发育、衰老和死亡是生命得以维持和延续的基本条件，细胞增殖是生命的重要特征。细胞通过细胞周期完成分裂，进行增殖以繁衍后代。

细胞周期大致可分为4个时相。细胞周期的不同时相高度精确地协调着，细胞必须在完成上一个时相后才能进入下一个时相。细胞周期的完成，不仅仅是细胞数量上的一分为二，还意味着能够准确无误地把不同染色体遗传给分裂出的子细胞。这一过程的任何缺陷都将导致遗传信息的改变，最终导致癌变。细胞周期借助各种分子为这种复杂的事件编制程序。上述三位科学家正是因为在寻找细胞周期调控因子方面做出了开创性的工作而获奖的。由于三位科学家的杰出贡献，我们从分子水平了解了细胞周期调控这个最基本的生命现象之一。

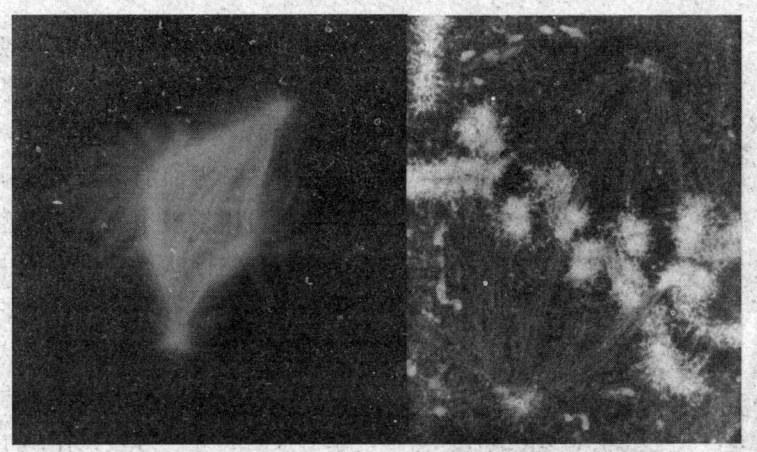

◆这是电子显微镜观察到的正在有丝分裂的细胞

你所不知的基因密码

染色体的遗传机制

科学家在2006年5月16日公布人类1号染色体序列，这一成果为编纂人类遗传密码的"生命天书"完成最后、也是最长的一个篇章。1号染色体序列的发表标志着长达16年艰辛探索的"人类染色体计划"（HPG）终于完成。然而，探索染色体的历程从20世纪上半页就已经开始，有数位科学家因此而获得诺贝尔生理学或医学奖。

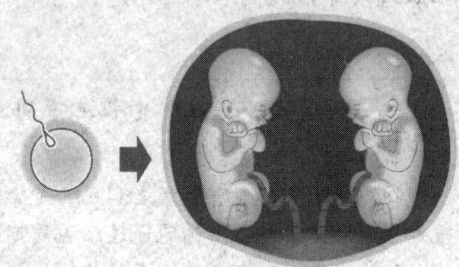

◆同卵双生的双胞胎长得十分相像，他们有几乎相同的染色体

人类遗传学之父

1933年诺贝尔生理学或医学奖授予美国的托马斯·亨特·摩尔根，表彰他在研究染色体在遗传方面的杰出贡献。摩尔根在遗传学方面的贡献是众所周知的，主要是应用果蝇作为实验模型揭示染色体在将生物性状遗传给后代中所起的作用。他和他的学派在20年的科学研究事业所获得的开创性成就，大大发展了当年孟德尔建立的经典遗传学。

摩尔根的成就"为人类作出了最大的贡献"，他的成就不仅适用于果蝇，而且适用于植物、动物到人类的各种多

◆托马斯·亨特·摩尔根

解读生命密码——遗传学和基因

细胞生物,"没有摩尔根的研究,就没有人类遗传学,也没有人类优生学"。

摩尔根博士的大名是与他的学生马勒一起出现在大学生物讲义中的。摩尔根最初从事胚胎学研究。他原先对遗传染色体学说持批判态度,也怀疑达尔文的物种起源学说。当然,他赞同德夫里斯(荷兰植物学家,提倡生物进化由突变而产生)的突变学说。为了证实突变学说,他决定养殖结构简单、生命周期短、作为个体或群体都能处理的黑腹果蝇作实验。

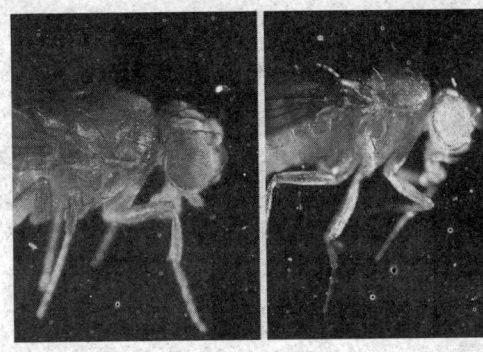

◆摩尔根研究的对象果蝇,经过突变后会发育成红眼果蝇(左图)和白眼果蝇(右图)

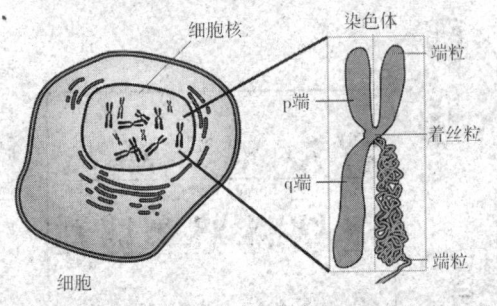

◆染色体存在于细胞核中,是生物体重要的遗传物质

采用果蝇以图发现有突变结果的实验毫无进展,他失去了信心,打算停止试验。就在这个时候,他发现了白眼(果蝇基因突变的特征之一)的突变体,以后又发现了许多变异体。他反复做这些果蝇的交配实验,了解基因的交换频率,终于发现基因在染色体中呈直线排列的特征。由于这一发现,摩尔根获1933年诺贝尔生理学或医学奖。他的学生马勒、莫诺、德尔布吕克、比德尔博士等也在独立从事研究后,因各自的发现而获诺贝尔奖。从这一角度说,摩尔根还是一位伟大的教育家。

既然摩尔根原先是反对染色体的基因学说,并且反对达尔文的自然选择理论,赞同基因突变学说的,那后来又怎么证明了染色体本身是与基因紧密相关的呢?这完全是科研实践的结果。

你所不知的基因密码

知识库——什么是染色体？

染色体是细胞内具有遗传性质的物体，易被碱性染料染成深色，所以叫染色体（染色质）。人体内每个细胞内有 23 对染色体，包括 22 对常染色体和一对性染色体。性染色体包括：X 染色体和 Y 染色体。含有一对 X 染色体的受精卵发育成女性，而具有一条 X 染色体和一条 Y 染色体者则发育成男性。

链接：染色体与遗传

◆人类共有 23 对染色体

染色体存在于细胞核中，在细胞期（细胞不分裂的时期），它以染色质的状态存在；在细胞分裂时，成为短粗的杆状结构，称为染色体（因为它染色较深）。染色体实际上是染色质浓集而成的，内部呈紧密的、高度螺旋曲卷的丝状结构。在细胞核中含有进一步发育所必需的所有信息，它决定这个细胞将发育成为一个人、一匹马或一羽鸽子，并且决定鸽子是大型或小型的，羽色是灰的或是红的，飞翔能力是优秀的或是低劣的等。这些发育或发展的资料及指令，均存于染色体的丝状结构上。在染色体上，依照顺序包含一系列碱基，称为基因。基因在染色体上的分布，就好像项链上成串的珠子，这些成串的基因正代表着所有的遗传性状，因而被称为"遗传的基本单位"。

染色体研究"三剑客"

生老病死，这或许是人类生命最为简洁的概括，但其中却蕴藏了无数的奥秘。获得 2009 年诺贝尔生理学或医学奖的三位美国科学家——伊丽莎白·布莱克本、卡萝尔·格雷德和杰克·绍斯塔克，凭借"发现端粒和端

解读生命密码——遗传学和基因

◆获得2009年诺贝尔生理学或医学奖的三位美国科学家——伊丽莎白·布莱克本、卡萝尔·格雷德和杰克·绍斯塔克

粒酶是如何保护染色体的"这一成果，揭开了人类衰老和罹患癌症等严重疾病的奥秘。

这是诺贝尔生理学或医学奖第100次确定获奖者，也是首次由两名女性同时摘得这一奖项。

美国人伊丽莎白·布莱克本、卡萝尔·格雷德和杰克·绍斯塔克以始于20世纪70年代涉及如何完整复制染色体以及如何避免染色体老化的研究

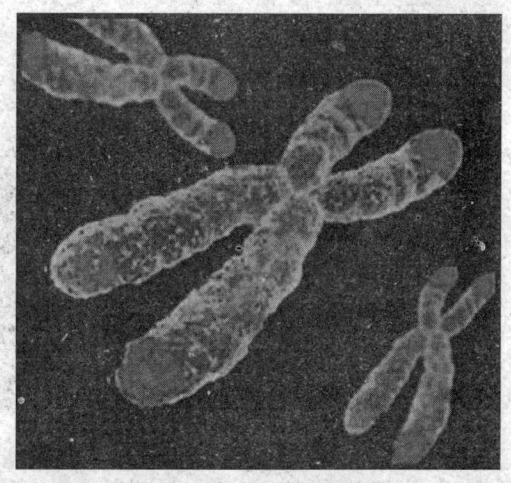

◆染色体两端的帽状结构就是端粒

而获奖。他们在研究中发现，关键在于位于染色体末端的端粒和生成端粒的酶、即所谓"端粒酶"。端粒变短，细胞就老化；如果端粒酶活性很高，端粒的长度就能得到保持，细胞的老化就被延缓。端粒和端粒酶研究有助于攻克医学领域三方面难题，即"癌症、特定遗传病和衰老"。染色体携有遗传信息。端粒是细胞内染色体末端的"保护帽"，它能够保护染色体，而端粒酶在端粒受损时能够恢复其长度。

布莱克本和绍斯塔克于1982年发表论文，阐述了在端粒中有一个特定

你所不知的基因密码

的DNA序列保护染色体不被降解，而布莱克本又在1984年与当时是其学生的格雷德共同发现了端粒酶及其作用。端粒酶在细胞老化过程中起着关键作用，所以也是"长生不老"的钥匙，在细胞癌化过程中起着决定性的作用。

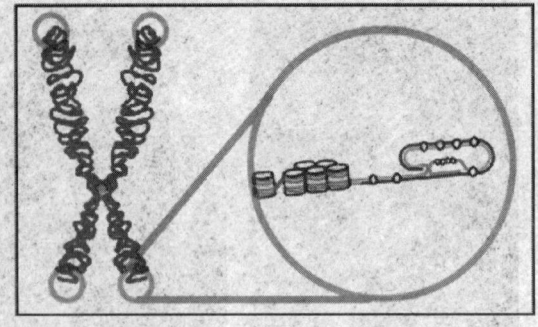
◆端粒的结构像是一个"发卡"

广角镜——两位女科学家曾是师生

◆两位科学家曾是师生

两名女性科学家布莱克本和格雷德同时获奖引起广泛关注。这是诺贝尔生理学或医学奖历史上首次由两名女性分享这一奖项。

布莱克本拥有美国和澳大利亚双重国籍，她1948年生于澳大利亚，在墨尔本大学获学士和硕士学位，1975年在英国剑桥大学获博士学位，随后前往美国耶鲁大学从事分子和细胞生物学研究，现执教于加利福尼亚大学旧金山分校。

布莱克本从小就对生物感兴趣，甚至唱歌给动物听。美国《时代周刊》2007年把布莱克本列入"世界上100名最具影响力人物"，但错把她的年龄写为44岁。谈及这件事，时年58岁的布莱克本告诉美国《纽约时报》记者："我可不会要求纠正。如果他们想把时钟往回拨，挺好。"

另一位女科学家卡萝尔·格雷德，美国人。她于1961年出生在美国加利福尼亚州，曾先后就读于加利福尼亚大学圣巴巴拉分校和伯克利分校，并于1987年获得博士学位，其导师正是伊丽莎白·布莱克本。格雷德曾在美国科尔德斯普林实验室从事博士后研究，从1997年起开始担任约翰斯·霍普金斯大学医学院

解读生命密码——遗传学和基因

教授。

 点击——端粒和端粒酶的简介

端粒是线状染色体末端的一种特殊结构,在正常人体细胞中,可随着细胞分裂而逐渐缩短。把端粒当作一件绒线衫袖口脱落的线段,绒线衫像是结构严密的DNA,排在线上的DNA决定人体性状。它们决定人头发的直与曲,眼睛的蓝与黑,人的高与矮等等,甚至性格的暴躁和温和。细胞分裂次数越多,其端粒磨损越多,寿命越短。通常情况下,运动加速细胞的分裂,运动量越大,细胞分裂次数越多,因此寿命

◆人们都希望时钟可以倒转,可以返老还童

越短。所以体育运动一定要适可而止。科学家们不但希望能找到人体内所有的生命时钟,更希望找到拨慢时钟的方法。目前很多植物的端粒酶已被提取出,许多国家的研究组正在从事相关课题的研究。有观点声称,即使发明了可保护端粒在分裂中不被降解的药物,其对于生命常青的意义也有待商榷,因为当一个老年人被植入年轻的端粒后,其身体是否能接受还是一个问题。

你所不知的基因密码

DNA 和 RNA 的奥秘

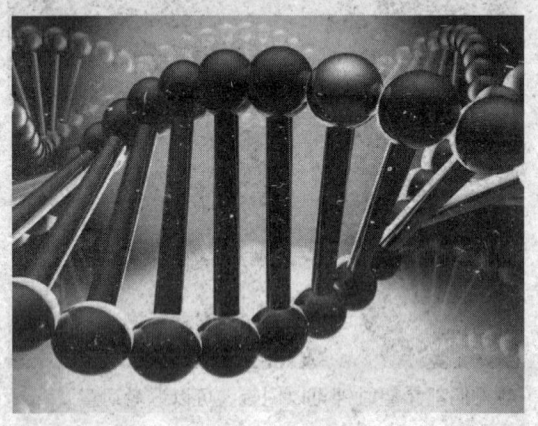

◆DNA 到底是什么？它为什么那么重要呢？

地球生物的过去是生命有机体几十亿年进化的历程。在所有这些生命有机体的细胞内，长期潜伏着 DNA 分子的浓密螺旋要素。在基督教和神话传说中，亚当和夏娃是人类的始祖。那么，在现实生活中，人类究竟有没有共同的母亲？要回答这个问题，基因和基因组研究也许能够提供令人信服的根据。

早在 1987 年，英国权威的《自然》杂志发表了一篇论文，该论文的结论之一是：人类共同的母亲是存在的，这就是"夏娃"。根据科学家的调查和推算，人类共同的母亲很可能生活在 20 万年前的非洲，依据就是基因。人体细胞的细胞质中存在着线粒体，其中也包含 DNA，即线粒体 DNA，这是一种特殊的基因。

偶然发现 RNA 的合成酶

奥乔亚，西班牙－美国生物化学家，1905 年 9 月 24 日生于西班牙卢阿卡。他在马德里大学攻读医学并在 1929 年以优等学业成绩取得医学学位。1940 年他来到了美国。奥乔亚曾对机体的化学机制作过重要的研究工作。他的主要声望是同他在核酸方面的工作联系在一起的。

奥乔亚发现核糖核酸合成酶的过程颇具戏剧性。那天，女技术员碰巧解读生命密码——遗传学和基因

有事回家，停止了实验，将调配好的混合液烧杯放进冰箱，准备第二天再完成分离提取的工作。第二天，当她从冰箱中取出烧杯一看，大吃一惊。混合液已经凝固，就像吃剩的鱼汁放进冰箱后变成的鱼冻一样。女技术员匆匆将这杯凝固的混合液放在试验台上，又急忙重调了一杯混合液。奇迹就在此时发生了。奥乔亚一眼看到烧杯中的凝固物质。他拿起烧杯仔细地观察了好一会儿。突然，他兴奋地抱住女技术员，大声喊道："我发现了！我发现了能够合成核糖核酸的酶了！"

◆塞韦罗·奥乔亚

在有酶参与的条件下，培育核苷酸的结果是黏性发生惊人的增长。溶液变稠而成糊状，这是一个相当好的迹象，它标志着长而细的 RNA 分子已经形成。奥乔亚合成的 RNA 不同于天然的 RNA，其间的差别是颇为有趣的。在天然的 RNA 中，四种核苷酸中的每一种都是存在的，而奥乔亚能以一种核苷酸构成合成的 RNA，这种合成的 RNA 中是由这一种

◆奥乔亚的实验室保留至今

核苷酸无穷尽地重复构成的。次年，科恩伯格扩展了奥乔亚的工作，并合成了 DNA。因此，奥乔亚和科恩伯格分享了 1959 年诺贝尔生理学或医学奖。

 广角镜——诺贝尔赛场上的父子兵

DNA 双螺旋结构模型既反映了 DNA 分子可能具有的无穷多样性，又能立

203

你所不知的基因密码

◆阿瑟·科恩伯格和他的儿子罗杰·科恩伯格

刻提出 DNA 分子自我复制的可能机制，使生物学家一下子接受基因的物质本性就是 DNA。但是，DNA 双螺旋结构模型虽然是以众多的实验结果为依据，但它本身却尚待实验证明。尤其是，DNA 果真是一种能自我复制的分子吗？在 DNA 双螺旋结构模型发表之后，科恩伯格就以这一模型作为设想基础，用实验方法研究 DNA 的复制，很快得到成功，于 1956 年发表了初步结果。他因此于 1959 年获得诺贝尔生理学或医学奖。他的研究成果对分子遗传学、基因克隆、基因测序、基因诊断以及基因组计划等现代遗传学的各个重大问题都起到了至关重要的作用。

2006 年他的儿子美国科学家罗杰·科恩伯格凭"真核转录的分子基础"研究，获 2006 年度诺贝尔化学奖。罗杰的研究揭示基因在细胞内复制的过程，有助研究癌症、心脏病的治疗方法。

年轻的获奖者——沃森和克里克

1953 年 4 月 25 日，英国著名的科学期刊《自然》杂志发表了沃森、

◆克里克（英国物理学家）、沃森（美国遗传学家）、威尔金斯（英国物理学家）因发现核酸的分子结构及其在遗传信息传递中的作用，共同获得 1962 年诺贝尔生理学或医学奖

解读生命密码——遗传学和基因

克里克的一篇优美精炼的短文，宣告了DNA分子双螺旋结构模型的诞生。这一期杂志还发表了弗兰克林和威尔金斯的两篇论文，以实验报告和数据分析支持了沃森、克里克的论文。

这一年，沃森年仅25岁，克里克也只有37岁，尚未获得博士学位。这两个年轻人之所以超越了其他看似更具实力的竞争者，赢得了这场科学赛跑的胜利，是由于他们具有清醒的宏观洞察力、非凡的科学想象力和严密的逻辑思维能力，选择了正确的研究路线，广泛借鉴他人的研究成果，并加以综合性的科学思考。

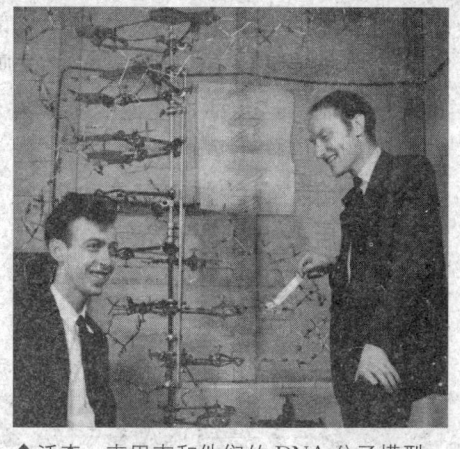
◆沃森、克里克和他们的DNA分子模型

克里克生于英格兰中南部一个郡的首府北安普敦。小时酷爱物理学。1950年，也就是他34岁时考入剑桥大学物理系攻读研究生学位，想在著名的卡文迪什实验室研究基本粒子。这时，克里克读到著

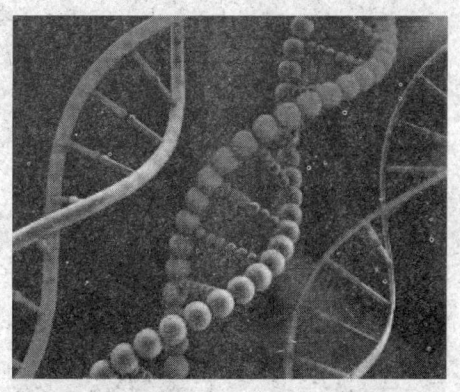
◆DNA的双螺旋结构

名物理学家薛定谔的一本书《生命是什么》，书中预言一个生物学研究的新纪元即将开始。1951年，美国一位23岁的生物学博士沃森来到卡文迪什实验室，他也受到薛定谔《生命是什么》的影响。克里克同他一见如故，开始了对遗传物质脱氧核糖核酸DNA分子结构的合作研究。他们虽然性格相左，但在事业上志同道合。沃森生物学基础扎实，训练有素；克里克则凭借物理学优势，又不受传统生物学观念束缚，常以一种全新的视角思考问题。他们两人优势互补，取长补短，并善于吸收和借鉴当时也在研究DNA分子结构的鲍林、威尔金斯和弗兰克林等人的成果，结果经过不足两年时间的努力便完成了DNA分子的双螺旋结构模型。而且，克里

你所不知的基因密码

克以其深邃的科学洞察力，不顾沃森的犹豫态度，坚持在他们合作的第一篇论文中加上"DNA 的特定配对原则，立即使人联想到遗传物质可能有的复制机制"这句话，使他们不仅发现了 DNA 的分子结构，而且从结构与功能的角度作出了解释。

1962 年，46 岁的克里克和沃森、威尔金斯一起荣获诺贝尔生物学或医学奖。后来，克里克又单独首次提出蛋白质合成的中心法则，即遗传密码的走向是：DNA→RNA→蛋白质。他在遗传密码的比例和翻译机制的研究方面也做出了贡献。

 知识库——DNA 和 RNA 的区别？

RNA 分子量比 DNA 小，但在大多数细胞中比 DNA 丰富。RNA 普遍存在于动物、植物、微生物及某些病毒和噬菌体内。RNA 和蛋白质生物合成有密切的关系。在 RNA 病毒和噬菌体内，RNA 是遗传信息的载体。RNA 与 DNA 最重要的区别一是 RNA 只有一条链，二是它的碱基组成与 DNA 的不同。

 小知识——什么是 DNA？

◆子女长得像父母的原因就隐藏在 DNA 里

DNA 又称脱氧核糖核酸，是染色体的主要化学成分，同时也是由基因组成的，有时被称为"遗传微粒"。DNA 是一种分子，可组成遗传指令，以引导生物发育与生命机能运作。主要功能是长期性的资讯储存，可比喻为"蓝图"或"食谱"。其中包含的指令是建构细胞内其他的化合物，如蛋白质与 RNA 所需。带有遗传信息的 DNA 片段称为基因，其他的 DNA 序列，有些直接以自身构造发挥作用，有些则参与调控遗传信息的表现。

单体脱氧核糖核酸聚合而成的聚合体——脱氧核糖核酸链，也被称为 DNA。

解读生命密码——遗传学和基因

在繁殖过程中，父代把它们自己DNA的一部分（通常一半，即DNA双链中的一条）复制传递到子代中，从而完成性状的传播。因此，化学物质DNA会被称为"遗传微粒"。

RNA干扰现象

2006年，瑞典卡罗琳医学院宣布诺贝尔生理学或医学奖颁给了安德鲁·法尔和克雷格·梅洛，他们在基因技术的使用方面提供了"令人激动的可能性"。这两位科学家在实验中发现了一种有效中止有缺陷的基因运传的机制，并为研发控制这种基因和与疾病作斗争的新药提供了可能性。安德鲁·法尔称："克雷格和我的工作是研究为什么一些基因会停止运行，我们试图去控制它们，我们发现了一些东西可以有效地中止它们。知道这些基因并不能告诉你它们能做什么，所以如果你能中止它们，你就可以开始了解它们能做什么。"

◆安德鲁·法尔与克雷格·梅洛（右）合影

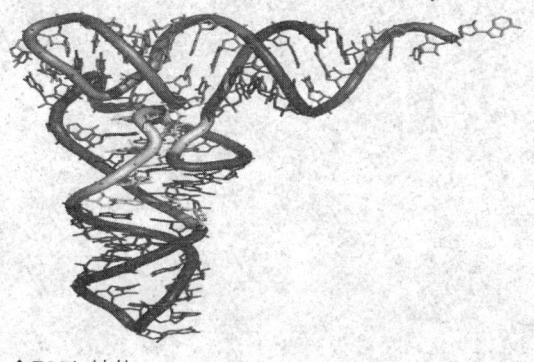
◆RNA结构

植物、动物、人类都存在RNA干扰现象，这对于基因表达的管理、参与对病毒感染的防护、控制活跃基因具有重要意义。RNA干扰已经作为一种强大的"基因沉默"技术而出现。这项技术被用于全球的实验室来确定各种病症中哪种基因起到了重要作用。RNA干扰作为研究基因运行的一种研究方法，已被广泛应用于基础科学，它可能在将来产生新的治疗

 *你所不知的基因密码*

方法。

诺贝尔奖来得太快了！

  安德鲁·法尔称，诺贝尔奖委员会打来的电话使他感到很惊讶。他称："我可能在是做梦，或者诺贝尔奖委员会打错了电话。"而克雷格·梅洛曾认为，有关基因信息流程的研究可能有一天会获得诺贝尔奖，但他没有想到这一刻会来得这么快。

解读生命密码——遗传学和基因

生命的密码——基因

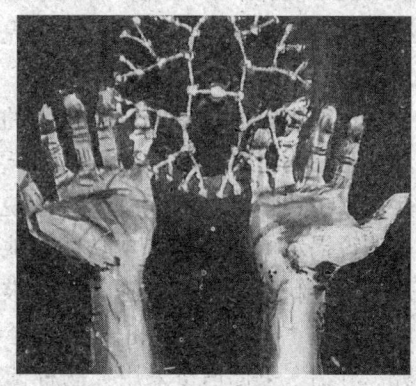

基因是遗传的物质基础,是 DNA 分子上具有遗传信息的特定核苷酸序列的总称,是具有遗传效应的 DNA 分子片段。人类大约有几万个基因,储存着生命孕育生长、凋亡过程的全部信息,通过复制、表达、修复,完成生命繁衍、细胞分裂和蛋白质合成等重要生理过程。基因是生命的密码,记录和传递着遗传信息。生物体的生、长、病、老、死等一切生命现象都与基因有关。

◆控制住人类的基因

它同时也决定着人体健康的内在因素,与人类的健康密切相关。

一个基因一种酶

美国生化遗传学家比德尔,1903 年 10 月 22 日生于内布拉斯加的瓦胡,早年在美国康奈尔大学从事玉米的遗传学研究,1931 年获博士学位,后去加州理工学院摩尔根实验室从事果蝇的遗传学研究,1935 年在法国物

◆比德尔(左)、爱德华·塔特姆(中)和乔治·莱德伯格(右)荣获 1958 年诺贝尔生理学或医学奖

你所不知的基因密码

理-化学生物学研究所与埃弗吕西合作研究果蝇复眼色素的遗传。

乔治·莱德伯格1925年生于美国，在哥伦比亚大学学习动物学，后进入该大学医学院，1946年在耶鲁大学塔特姆研究室发现细菌的接合现象，曾先后任威斯康星大学和斯坦福大学教授。

比德尔等通过果蝇复眼色素的研究和芽孢菌的营养缺陷型的研究，于1941年提出了"一个基因一种酶"假说。这一假说揭示了基因的基本功能。他所使用的营养缺陷型研究方法，以后被广泛应用于各种代谢途径和发育途径的研究。乔治·莱德伯格采用大肠杆菌的营养缺陷型发现了细菌的遗传重组，从而开辟了微生物遗传学研究的广阔领域。因此，无论在概念上还是在方法上，"一个基因一种酶"的假说及工作，是分子生物学的重要基础之一。为此，比德尔与塔特姆以及莱德伯格共同获得了1958年的诺贝尔生理学或医学奖。

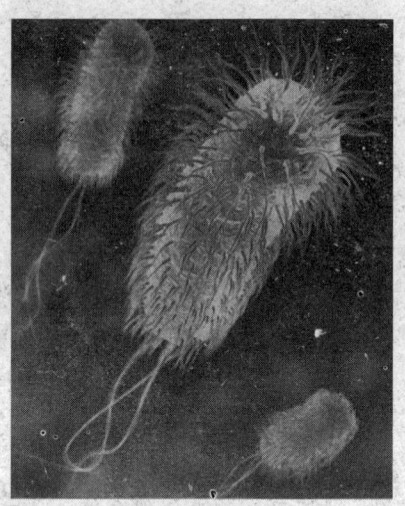
◆带有鞭毛的大肠杆菌

轶闻趣事——打零工的科学家

◆胡子花白的莱德伯格仍在进行科研工作

在莱德伯格学生时代，医学院放假时他就到耶鲁大学塔特姆教授的实验室当暑期临时工。这种研究方式当时很流行，才子们都蜂拥到假期研究室去。但在如此短的时间内就能取得如此出色成绩的只有莱德伯格。莱德伯格去暑期研究室之前，一直在赖恩教授身边工作，熟知细菌的性质和一个基因一种酶的学说，所以很清楚细菌的遗传性状的发现频率。因此，在

解读生命密码——遗传学和基因

他设计的细菌"杂交"实验中,他利用大肠杆菌证实了基因重组现象——两种细菌在混合培养时,确实实现了同源染色体上的等位基因交换,出现了基因重组体。两种细菌在结合中出现了一种细菌的 DNA 向另一种细菌转导。也就是说,既有交出 DNA 的细菌,也有接受 DNA 的细菌。

第一位单独获奖的女性

巴巴拉·麦克林托克(1902~1992年),出生于美国康涅狄格州。是第一位单独获得诺贝尔奖的女科学家。她提出"移动的控制基因学说",于 1983 年获得诺贝尔生理学或医学奖。

基因在染色体上作线性排列,基因与基因之间的距离非常稳定。常规的交换和重组只发生在等位基因之间,并不扰乱这种距离。在显微镜下可见的、发生频率非常稀少的染色体倒位和相互易位等畸变,才会改变基因的位置。可是,麦克林托克这位女遗传学家,竟然发现单个的基因会跳起舞来:从染色体的一个位置跳到另一

◆巴巴拉·麦克林托克

个位置,甚至从一条染色体跳到另一条染色体上。麦克林托克称这种能跳动的基因为"转座因子"(目前通称"转座子")。

麦克林托克理论的影响是非常深远的,她发现能跳动的控制因子可以调控玉米籽粒颜色基因的活动,这是生物学史上首次提出的基因调控模型,对后来莫诺和雅可布等提出操纵子学说提供了启发。

 名人介绍——倔强的女性科学家

巴巴拉·麦克林托克是 20 世纪具有传奇般经历的女科学家,她在玉米中发现了"会跳舞"的基因。

麦克林托克出生在美国康涅狄格州哈特福德县,自小就非常聪明。在 1921

211

你所不知的基因密码

◆执著地"摆弄"玉米,终获科技最高奖

年她还是一名大学生,当时她选修了康奈尔大学唯一由哈奇森任教的遗传学课程,这个学习过程让她对遗传开始产生莫大兴趣,但当时多数人都不想专攻遗传这门学问,并且大家都觉得女性更不应该接触。但她却不予理会,她很想投入遗传的怀抱,也上了莱斯特·W·夏普开的课程,从而了解到染色体的结构、分丝分裂、减数分裂、交换现象等相关知识,也知道了染色体是可遗传的主要元素。因此她毕业后更想对与染色体相关的表现作进一步研究,而且她觉得这类研究十分具有潜力。同时在1922年她接到了哈奇森的电话之后,参加了遗传学研究的课程,开始她的遗传研究生涯。但当她获得博士之时,康奈尔大学却因为她是女性而不给她遗传学的学位,最后只给她植物学学位。但是她没有气馁,仍然坚持科研工作,直至做出了惊人的发现。

勇于否定前人的科学家

美国加利福尼亚大学医学院的迈克尔·毕晓普和哈罗德·瓦穆斯共获1989年度诺贝尔医学奖,他们是在13年前(1976年)共同作出了一项重大发现:即细胞内控制生长原癌基因。

迈克尔·毕晓普,美国微生物学家,1936年2月22日生于美国宾夕法尼亚州约克。青年时期对人文学科(尤其是历史)及自然科学均感兴趣,后入哈佛大学医学院,学习期间将主要精力

◆迈克尔·毕晓普(左)和哈罗德·瓦尔姆斯(右)

解读生命密码——遗传学和基因

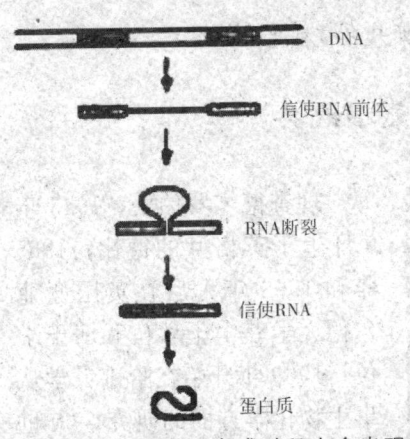

◆高等动物蛋白质合成过程中会出现基因断裂现象

搞研究。1962年获医学博士学位。曾在马萨诸塞综合医院从事2年内科临床，后到国立卫生研究院研究病毒。1968年在旧金山加利福尼亚大学医学院任职，从事教学及研究。20世纪70年代中期，与瓦穆斯等合作，用已知可致鸡肿瘤的劳斯病毒做动物实验，发现正常细胞中控制生长及分裂的基因可在外源病毒作用下转变成癌基因，病毒再侵入健康细胞则可将该基因插入健康细胞的基因中，并致异常生长。后又证明正常细胞中的上述基因也可经化学致癌物的作用变成癌基因，从而否定以前的看法：癌基因必然源自病毒。

广角镜——基因也会"断裂"

1993年度诺贝尔奖大会上，诺贝尔生理学或医学奖授予给了理查德·罗伯茨和菲利普·夏普，因为他们的重大成就——断裂基因的发现。

在20世纪70年代以前，人们一直认为遗传物质是双链DNA，在上面排列的基因是连续的。罗伯茨和夏普彻底改变了这一观念。他们以腺病毒作为实验对象，因为

◆理查德·罗伯茨和菲利普·夏普

它的排列序列同其他高等动物很接近，包括人。结果发现它们的基因在DNA上的排列由一些不相关的片段隔开，是不连续的。他们的发现改变了科学家以往对进化的认识，对现代生物学的基础研究以及生物进化论具有重要的奠基作用，对

你所不知的基因密码

肿瘤以及其他遗传性疾病的医学导向研究，亦具有特别重要的意义。

激发探索的启蒙小纸条

◆和学生在一起的罗伯茨

理查德·罗伯茨，1943年9月生于英格兰的德比；1965年和1968年先后在英国谢菲尔德大学获学士学位和博士学位；1969年开始在哈佛大学从事生物化学方面的研究；20世纪70年代末开始参与基因测序工作，并得到关注；1992年至今，在新英格兰生物实验室工作。

小时候的罗伯茨非常调皮，他在巴斯的一个教区小学上学时，遇到了他一生中第一个真正的良师益友——校长布鲁克斯先生。这位校长并不专门负责某一个班的教学工作。他经常给孩子们讲一些既有教育意义又幽默的小故事，以引起学生们的兴趣。布鲁克斯先生根据学生的兴趣、特点和爱好因材施教。当发现罗伯茨喜欢钻研问题时，就收集了许多有关数学和逻辑学的小问题和测验题写在小纸条上，他经常在去教室的路上截住罗伯茨，从口袋里掏出一张纸条给罗伯茨，让小罗伯茨自己去解决纸条上的问题。随着时间的推移，题目越来越难，罗伯茨的思考也越来越深入。校长就是通过这种方法逐渐培养起了罗伯茨对数学和逻辑的热爱，1993年当罗伯茨获得诺贝尔生理学或医学奖之后，他才懂得正是这位启蒙老师的那些小纸条，点燃了他对数学和探索问题的热爱，使他走上了热爱科学和从事科学事业的道路。

发现细胞凋亡的基因规则

2002年诺贝尔生理学或医学奖分别授予了英国科学家悉尼·布伦纳、美国科学家罗伯特·霍维茨和英国科学家约翰·苏尔斯顿，以表彰他们发

解读生命密码——遗传学和基因

现了在器官发育和"程序性细胞死亡"过程中的基因规则。

"程序性细胞死亡"是怎么一回事？基因在其中发挥了什么作用？对它们的研究又有什么重大意义呢？"程序性细胞死亡"是细胞一种生理性、主动性的"自觉自杀行为"，这些细胞死得有规律，似乎是按编好了的"程序"进行的，犹如秋天片片树叶的凋落，所以这种细胞死亡又称为"细胞凋亡"。

早在20世纪60年代初期，科学家

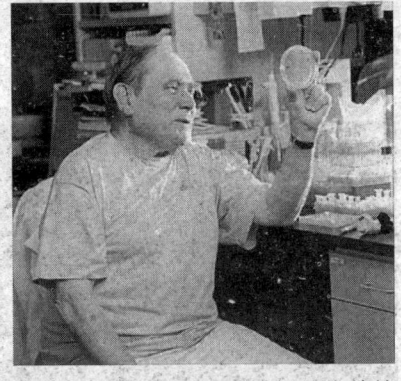
◆悉尼·布伦纳认为最幸福的事情就是在实验室做实验

◆2002年诺贝尔生理学或医学奖分别授予了英国科学家悉尼·布伦纳（左）、美国科学家罗伯特·霍维茨（中）和英国科学家约翰·苏尔斯顿（右）

就开始探索"程序性细胞死亡"的奥秘。布伦纳选择线虫作为研究对象。这一选择使得基因分析能够和细胞的分裂、分化，以及器官的发育联系起来，并且能够通过显微镜追踪这一系列过程。霍维茨发现了线虫中控制细胞死亡的关键基因，并描绘出了这些基因的特征。他揭示了这些基因怎样在细胞死亡过程中相互作用，并且证实了相应的基因也存在于人体中。苏尔斯顿则描述了线虫组织在发展过程中细胞分裂和分化的具体情况。他还确认了在细胞死亡过程中发挥控制作用的基因的最初变化情况。

你所不知的基因密码

 广角镜——细胞死亡有多重要？

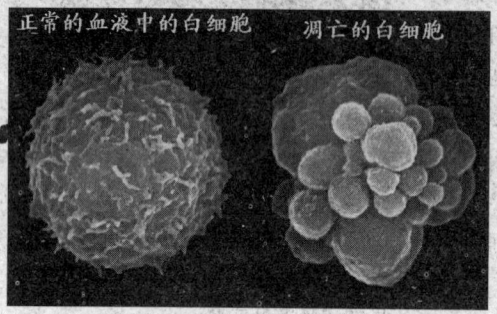

◆正常的白细胞和凋亡的白细胞截然不同

包括人类在内的生物是由细胞组成的，细胞的诞生固然非常重要，但细胞的死亡也非常重要。在健康的机体中，细胞的生生死死总是处于一个良性的动态平衡中，如果这种平衡被破坏，人就会患病。如果该死亡的细胞没有死亡，就可能导致细胞恶性增长，形成癌症。

从胚胎、新生儿、婴儿、儿童到青少年，在这一系列人体发育成熟之前的阶段，总体来说细胞诞生得多，死亡得少，所以身体才能发育。发育成熟后，人体内细胞的诞生和死亡处于一个动态平衡阶段，一个成年人体内每天都有上万亿个细胞诞生，同时又有上万亿个细胞"程序性死亡"。

解读生命密码——遗传学和基因

生命工厂原料——蛋白质的密码

蛋白质是一切生命的物质基础，是机体细胞的重要组成部分，是人体组织更新和修补的主要原料，没有蛋白质就没有生命。蛋白质是由20多种氨基酸组成，以氨基酸组成的数量和排列顺序不同，使人体中蛋白质多达10万种以上。它们的结构、功能千差万别，形成

◆蛋白质是一切生命的物质基础

了生命的多样性和复杂性。如此众多的蛋白质是如何在细胞内被复制出来的，是怎样发挥作用的？科学家在这方面孜孜不倦地进行着探索。

探明生命的起源及遗传奥秘

◆固塞尔

固塞尔，德国生物化学家。1853年9月16日生于梅克伦堡的罗斯托克。学习植物学本来是固塞尔的志愿，但他父亲认为这没有什么出息，所以固塞尔转而学医。在施特拉斯堡大学，他受到了当时还处于幼稚阶段的生物化学学科的前驱霍佩塞勒的影响，从1877年开始给霍佩赛勒当了4年的助手，从而他就被造就成为一个生物化学家。后来他在杜布瓦雷蒙手下工作。

1879年，他开始研究一种叫核蛋白的物质，这种物质是霍佩赛勒的一个学

你所不知的基因密码

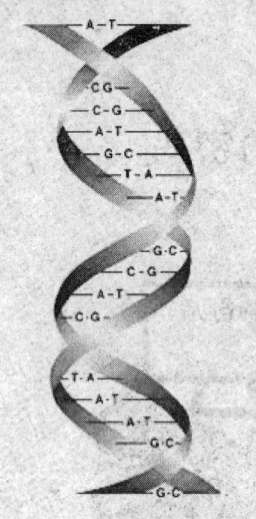

◆核酸中含有四个不同的碱基（T＝胸腺嘧啶、C＝胞嘧啶、G＝鸟嘧啶、A＝腺嘌呤）

生——米歇尔十年以前就离析出来的，霍佩赛勒也亲自研究过。不过这种物质在落到固塞尔里手里以前，一直是一种不很明确的东西。固塞尔的研究开始时就指出这一点：核蛋白含有蛋白质部分和非蛋白质部分，因此尽可以不必说那含糊不清的核蛋白，而说核的蛋白质，其中的非朊基（非蛋白质部分）就是"核酸"。这个蛋白质和别的蛋白质非常相似，但核酸就和那时为止已知的其他天然物不同。当核酸分解时，固塞尔发现，在核酸分解物中有含氮的化合物嘌呤和嘧啶，它们的原子分别排列成二环和一环（费希尔曾研究过嘌呤）。固塞尔析出两种不同的嘌呤：腺嘌呤和鸟嘌呤；总共三种不同的嘧啶：胸腺嘧啶（这是他第一个离析出来的）、胞嘧啶和尿嘧啶。他的工作给人以深刻的印象。1910年，他因对蛋白质和核酸的研究而荣获诺贝尔生理学或医学奖。

 小知识——什么是核酸？

核酸是由许多核苷酸聚合而成的生物大分子化合物，为生命的最基本物质之一。最早由米歇尔于1868年在脓细胞中发现和分离出来。核酸广泛存在于所有动物、植物细胞、微生物内、生物体内核酸常与蛋白质结合形成核蛋白。不同的核酸，其化学组成、核苷酸排列顺序等不同。根据化学组成不同，核酸可分为核糖核酸（RNA）和脱氧核糖核酸（DNA）。

RNA密码的破译者

罗伯特·W·霍利，1922年1月28日出生于美国伊利诺伊州的厄巴纳。1947年获哲学博士学位。他的研究生课程曾于战争期间一度中断。1944～1946年他花费两年时间在康奈尔大学医学院与文森特教授共事，参

解读生命密码——遗传学和基因

◆罗伯特·W·霍利（左）、哈尔·戈宾德·考拉那（中）和马歇尔·尼伦伯格（右）荣获1968年诺贝尔生理学或医学奖

加青霉素首次化学合成的工作。

　　1964年，他到康奈尔大学任生物化学及分子生物学专职教授。霍利对生物最感兴趣，虽然他在大学里专攻化学，但这并没有使他改变兴趣。他因为对生物学感兴趣，所以选择研究课题时一开始就选中自然产物的有机化学。随后，他的研究方向越来越转向生物学方面，先是研究氨基酸和肽，最后研究蛋白质的合成。在研究蛋白质合成的过程中，他发现了丙氨酸运转RNA。以后10年，他的工作一直围绕着该RNA进行，首先是集中全力去分离该RNA，然后测定该RNA的结构。于1964年末，他查明了RNA的核苷酸顺序，因此被授予1968年诺贝尔生理学或医学奖。在这以后，他开始研究哺乳动物细胞内控制细胞分裂的因素。

点击

　　与其共同获得1968年诺贝尔生理学或医学奖的还有哈尔·戈宾德·考拉那和马歇尔·尼伦伯格。他们同样都是解读了遗传密码及其在蛋白质合成方面的功能而获奖。

219

你所不知的基因密码

名人介绍——出生于中国的获奖者

1992年度的诺贝尔奖金颁奖大会上,诺贝尔生理学或医学奖授予给了埃德蒙·费希尔和埃德温·克雷布斯,因为他们的重大成就——发现可逆性的蛋白磷酸化过程是生物的自身调节机制,细胞内物质的不平衡可导致疾病的发生。

一个细胞内有数千种蛋白质,它们是机体生命活动的基础。这些蛋白质之间是相互作用的,其中一个重要的调节机制就是可逆性的蛋白磷酸化过程,而这个过程需要很多酶来作催化剂。费希尔和克雷布斯提纯出了第一种这种酶。两人因蛋白质可逆磷酸化作为一种生物调节机制的研究共同获得了1992年获诺贝尔生理学或医学奖。

◆埃德蒙·费希尔

埃德蒙·费希尔出生于中国上海,7岁时随同他两个哥哥一起到瑞士念书。第二次世界大战期间于日内瓦大学攻读化学,后在同一学校获哲学博士学位。1950年赴美西雅图华盛顿大学做研究。

生命信息的传令将:G蛋白

◆马丁·奥德贝尔

人类生命的信息究竟是怎样传递的呢?对这个问题的研究,关系到释明生命的本质、疾病的发生及防治等一系列重大生物学和医学问题。半个世纪以来,生命科学家集中力量攻研这个课题,终于在20世纪90年代初已大体查清。为了纪念这个历史性的科学突破,进入90年代的4次颁发诺贝尔生理学或医学奖,竟有3次用于褒奖这个领域的研究成果,其中1994年诺贝尔生理学或医学奖授予给了阿尔弗伊德·吉尔曼和马丁·奥德贝尔,因为他们

解读生命密码——遗传学和基因

◆阿尔弗伊德·吉尔曼

的重大成就——发现G-蛋白和它们在细胞内信号传导中所起的作用，以及疾病的发生原理。

很久以来，人们就知道细胞之间交换信息是通过激素或其他腺体、神经元、以及其他组织分泌的信息物质。直到现在，人们才知道细胞是如何接受外界信息并作出相应反应的，即信号在细胞内的功能。G-蛋白的发现具有重要的意义，为生理学家们在这个领域的研究提供了广泛的前景。

 小知识——发现"蛋白质"工厂的运作规律

◆京特·布洛贝尔

纽约洛克斐勒大学的细胞和分子生物学家京特·布洛贝尔，以其在蛋白质研究方面的先驱贡献而荣获1999年度诺贝尔生理学或医学奖。

瑞典科学院在宣布获奖结果时称："人类的许多遗传疾病是由于在这些信号和传输机制中的错误导致的。""布洛贝尔的贡献将大大促进对作为'蛋白质'工厂的细胞的有效利用，有助于开发生产对人类至关重要的新药。"

布洛贝尔的发现对现代细胞生物学研究产生了重大影响，它揭示了人类一些遗传疾病正是由于蛋白质的内部信号与传输机制出现问题而造成的，因为蛋白质的内部信号如果不能使蛋白质在细胞内准确定位，细胞就无法实现它的正常功能。这一发现为人类研究这些遗传性疾病的疗法开辟了新途径。布洛贝尔的发现还具有普遍性，因为在酵母、植物和动物的细胞中也发现了同样的运作机制。

你所不知的基因密码

胚胎发育过程的遗传控制

卵子受精后启动发育程序，形成一个新个体的过程叫作胚胎发育。由于不同种动物具有不同发展历史、不同形态和不同繁殖方式等，它们的胚胎发育表现了高度的多样性和复杂性。人类胚胎发育的过程充满着神秘性，一个小小的细胞是怎样一步步地变成一个小生命降落在人间的？本书将带着大家揭开这个面纱！

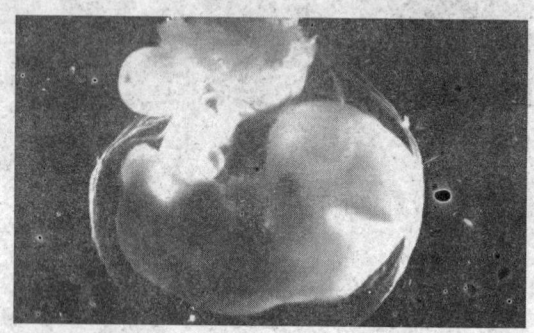

◆人类早期胚胎

从蝾螈得到的启示

◆汉斯·施佩曼

汉斯·施佩曼1869年生于德国。高中毕业后参军，退役后在家族产业中帮忙，后改变志向学医，毕业后在维尔茨堡大学动物系工作。他从事两栖动物胚胎学的研究。为了研究，他设计了一套非常精细的试验方案，以显示胚胎在早期发育过程中卵细胞不发生分化的现象。

后来，他又做了有名的蝾螈卵结扎实验，发现胚胎的背部是一个"组织中心"。影响细胞命运的最大因素不是细胞本身，而是所谓组织中心的组织和诱导。在组织作用发生前，一切细胞的命运都在未定之中。这一学说使控制胚胎发育和改良动物品种成为可能。为此，他解读生命密码——遗传学和基因

荣获1935年诺贝尔生理学或医学奖。

 链接——什么是蝾螈？

蝾螈是有尾两栖动物，体形和蜥蜴相似，但体表没有鳞。它们大部分栖息在淡水和沼泽地区，主要是北半球的温带区域。它们靠皮肤来吸收水分，因此需要潮湿的生活环境。温度降到0℃以下以后，它们会进入冬眠状态。蝾螈的头部扁平，皮肤较光滑有小疣，脊棱弱，舌小而厚，前后端与口腔底部黏膜相连，卵圆形，四肢细弱，指、趾无蹼，尾极侧扁。蝾螈属两栖动物，生活在丘陵沼泽地水坑、池塘或稻田及其附近。

◆蝾螈

胚胎发育的遗传控制

1995年的诺贝尔生理学或医学奖由三位发育遗传学家共同获得，他们是77岁的刘易斯，52岁的福尔哈德和48岁的威斯乔斯。他们三人的研究

◆刘易斯、福尔哈德、威斯乔斯因发现了早期胚胎发育的遗传控制荣获1995年诺贝尔生理学或医学奖

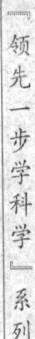

你所不知的基因密码

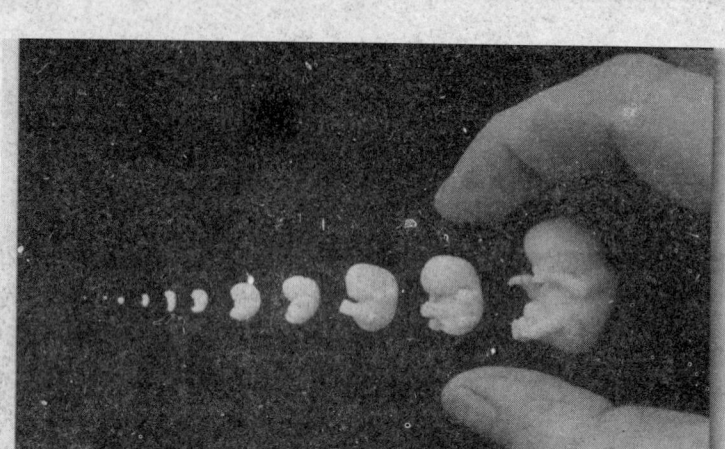

◆人类胚胎的发育过程

揭开了胚胎如何由一个细胞发育成完美的特化器官如脑和腿的遗传秘密，也树立了科学界对动物基因控制早期胚胎发育的模式。

此三位科学家突破性的成就，将有助于解释人类先天性畸型，这些重要基因的突变很可能是造成人类自然流产以及约40%不明原因的畸型主因。

一个细胞在胚胎所处的位置，对其分化有决定性的影响，这是一种位置效应。胚胎发育过程中，不同种类的细胞皆源自同一个受精卵。它们的基因组皆相同，但基因的表现则互异。在发育起始，细胞间的差异有些是由于卵未分裂前细胞质里的物质分

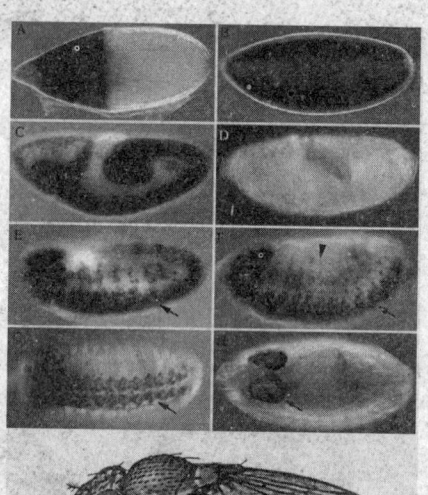

◆科学家们最早通过研究果蝇来了解生物的胚胎发育过程

布不均匀。福尔哈德和威斯乔斯发现这些物质由四组母体效应基因所控制。这四组基因控制动物身体发育的基本方案：背部相对于腹部，内胚层相对于中胚层或外胚层，生殖细胞相对于体细胞，以及头部相对于尾部。

解读生命密码——遗传学和基因

因为源自于母体,故亦称为卵极性基因。

它们的控制作用是经由产生一些基因调控蛋白,并在卵及初期胚胎中呈阶梯式的不匀分布,从而导致不同位置的细胞接受到不同的发育信息,并进而影响其后的发育。果蝇和线虫的发育基因也绝大部份被发现在其他动物身上,包括脊椎动物。相对应的基因也有对应的发育功能,显示在演化上动物发育的基本机制仍然保存,并不因为外表体型演化而变得不可识别而有所改变。

经三位科学家及其他科学家对发育遗传学的研究,敲开人类发育遗传秘密的大门,并使之应用到人类疾病的诊断,将指日可待。

 你所不知的基因密码

人工诱导遗传突变

◆1945年，原子弹在日本爆炸

1945年，美国在日本长崎和广岛投下了尚处于初级研究阶段的核武器——原子弹。原子弹的巨大爆炸威力和大规模杀伤效应，给人们以非常深刻的印象。然而，原子弹的受害者仅仅是死伤吗？不死不伤的人难道一点也未受到影响吗？在此之前，人们与放射性物质打交道已有40余年，但对其生物学效应，特别是遗传学效应几乎一无所知。缪勒在20世纪20年代发现了射线对遗传的影响，随后"原子时代的遗传学"、"辐射遗传学"成为热点。其他物理或化学诱变剂逐一被发现及研究。为了维护人类健康，检测致畸、致癌、致突变环境因素的工作日益受到重视。

遗传因子的突变

让遗传因子发生突变，并不是一件容易的事，可是缪勒在5年之内找到一把打开难关的钥匙，他用一种特殊的技巧，完成X光放射产生遗传突变的实验，这对人类的进化影响很大，也就是说，人种的改造，可以用人工来完成，使人类能适应任何环境。

赫尔曼·缪勒（1890～1967年）是美国遗传学家。因发现X线照射引起基因突变，为人工诱导突变开辟了重要途径，而获得1946年诺贝尔生理学或医学奖。

缪勒祖籍德国，1890年12月21日生于

◆美国遗传学家——赫尔曼·缪勒

解读生命密码——遗传学和基因

美国纽约市，1938年缪勒到了英国，在爱丁堡大学任教，直至1940年。其后便回到美国，先在阿默斯特学院任教，1945年转到印第安纳大学，直至去世。

缪勒是辐射遗传学的创始人，并因此而荣获1946年诺贝尔生理学或医学奖。由他建立的检测突变的CIB方法至今仍是生物监测的手段之一。缪勒一生发表论文372篇，出版专著《单基因改变所致的变异》，并参与由摩尔根主编的《孟德尔遗传机制》的编写。

◆缪勒在实验室里利用X线诱变种子

1927年，缪勒在《科学》杂志发表了题为"基因的人工蜕变"的论文，首次证实X射线在诱发突变中的作用，搞清了诱变剂剂量与突变率的关系，为诱变育种奠定了理论基础。

人物志

缪勒的主要成就

用较高剂量的X射线处理精子，能诱发生殖细胞发生真正的基因突变；除基因突变外，X射线也能造成基因在染色体上的次序重新排列；用不同剂量的X射线，在生命周期的不同时刻和不同条件下处理果蝇，将得到不同的结果；X射线处理常常只影响到其中一部分。

什么是诱变？

诱变是指用物理、化学因素诱导植物的遗传特性发生变异的方法，通常用于选育菌种、得到高产量植物种子等。诱变的目的是为了得到新的突变。在摩尔根时代，遗传学研究内容的丰富与新突变的发现息息相关。现在，遗传学研究的内容和手段与过去相比早已面目全非了，但获得新突变并从中选出对人类有利的

你所不知的基因密码

◆通过诱变可以使仙人掌呈现出不同的造型

突变型仍然是热点之一。培育新品种的方法现在已有许多新手段，如应用分子生物学技术培育转基因动植物等，但诱变育种仍不失为简便易行的常用手段。

到20世纪50年代，瑞典已成为世界放射诱变育种研究的中心；20世纪60～70年代，诱变育种工作已成燎原之势，经诱变而得到的新品种已数不胜数。我国在60年代初开始诱变育种工作，进入20世纪80年代后，诱变育种工作与我国其他行业一样进入了鼎盛时期。

解读生命密码——遗传学和基因

人体化学反应的催化剂——酶

1773年，意大利科学家斯帕兰扎尼设计了一个巧妙的实验：将肉块放入小巧的金属笼中，然后让鹰吞下去。过一段时间他将小笼取出，发现肉块消失了。于是，他推断胃液中一定含有消化肉块的物质。但是，是什么，他不清楚。随着科学技术的发展，科学家不仅发现在人体消化道中有酶的存在，在

◆酶如同微小的工具在进行着复杂而有序的工作

细胞内也有许多酶的存在。在生物体内的酶是具有生物活性的蛋白质，存在于生物体内的细胞和组织中，作为生物体内化学反应的催化剂，不断地进行自我更新，使生物体内及其复杂的代谢活动不断地、有条不紊地进行。

1965年诺贝尔生理学或医学奖

雅各布1920年出生于法国的南锡。1940年6月，他是医学院二年级的学生，离开法国到伦敦加入了自由法国运动，并受了重伤。战后，雅各布完成了他的医学学业。1950年，雅各布进入了巴斯德研究所，在卢夫博士领导下工作。

雅各布的工作主要是研究细菌及噬菌体的遗传机制以及突变的生物化学效应。1958年，他们对溶原现象和诱导的β－半乳糖苷酶生物合成进行

你所不知的基因密码

◆雅各布（左）、莫诺（中）、卢夫（右）获1965年诺贝尔医学奖

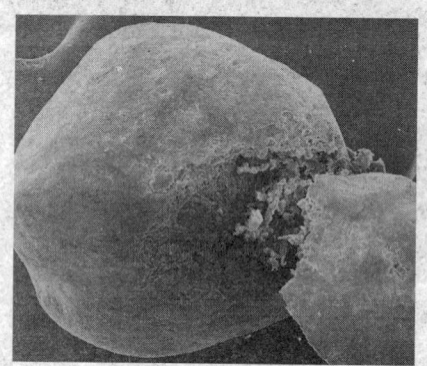

◆电子显微镜下某种酶的结构

了遗传分析，发现这两种现象间有惊人的相似之处。于是雅各布和莫诺开始研究遗传物质转移的机制及细菌细胞内调整大分子活动与合成的调控途径。进行了这些分析之后，雅各布和莫诺提出了一系列新概念：信使RNA调节基因、操纵子及变构蛋白质等。

莫诺，1910年2月9日出生于巴黎，1931年获得科学学位，1941年取得自然科学博士学位，1967年成为法兰西学院教授，1971年被委任为巴斯德研究所主任。

他的主要贡献在于发现和阐明了基因的表达和调控。1961年他和雅各布共同发表的《蛋白质合成的遗传调节机制》一文，是分子生物学发展史上的一个里程碑。1965年，莫诺、卢夫和雅各布由于发现了细菌细胞内酶活性的遗传调节机制而共同获得了当年的诺贝尔生理学或医学奖。他们发现和阐明的调节基因、转录、操纵子、mRNA、调节蛋白等新概念，都是后来分子生物学发展的重要基石。1971年，他的《偶然性和必然性》一书出版，引起了学术界的重视。

卢夫，1902年5月8日出生在法国的艾奈堡（阿列省），1932~1933年，他研究了鞭毛虫的生长因素正铁血红蛋白，前正铁血红蛋白的特异性，它在不同数量情况下对生长的影响，以及它在呼吸催化剂系统中所起解读生命密码——遗传学和基因

的作用。1936年,他用辅酶Ⅰ鉴定了流感嗜血杆菌所需的第五因子,并弄清了它对细菌生理所起的作用。他还进行了许多关于鞭毛虫及纤毛虫生长因素的研究,研究了生长因素、功能缺失及生理发育等,然后开始研究溶原性细菌。他观察了隔离的细菌后得出结论说:溶原性细菌并不分泌噬菌体,细菌在产生噬菌体后立即死亡,以及外界因素能诱导噬菌体的生成(这是最重要的一点)。

 知识库——什么是酶?

酶,大多数由蛋白质组成。能在机体中十分温和的条件下,高效率地催化各种生物化学反应,促进生物体的新陈代谢。生命活动中的消化、吸收、呼吸、运动和生殖都是酶促反应过程。酶是细胞赖以生存的基础。细胞新陈代谢包括的所有化学反应几乎都是在酶的催化下进行的。

 小知识——酶的巨大作用

哺乳动物的细胞含有几千种酶。它们或是溶解于细胞液中,或是与各种膜结构结合在一起,或是位于细胞内其他结构的特定位置上,这些酶统称胞内酶;另外,还有一些在细胞内合成后再分泌至细胞外的酶——胞外酶。酶催化化学反应的能力叫酶活力(或称酶活性)。酶活力可受多种因素的调节控制,从而使生物体能适应外界条件的变化,维持生命活动。没有酶的参与,新陈代谢只能以极其缓慢的速度进行,生命活动就根本无法维持。

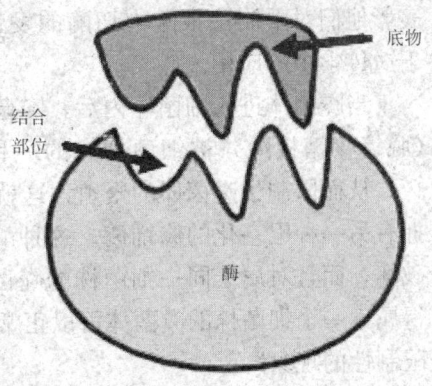

◆底物一旦和酶结合,就会很快发生反应

例如食物必须在酶的作用下降解成小分子,才能透过肠壁被组织吸收和利用。在胃里有胃蛋白酶,在肠里有胰脏分泌的胰蛋白酶、胰凝乳蛋白酶、脂肪酶和淀粉酶等。又如食物的氧化是动物能量的来源,其氧化过程也是在一系列酶的催化下完成的。

你所不知的基因密码

限制性核酸内切酶的发现

◆瑞士巴塞尔大学的阿尔柏博士、美国约翰霍普金斯大学的内萨恩斯博士和史密斯博士

瑞典卡洛林斯卡医学研究所诺贝尔奖委员会宣布：瑞士巴塞尔大学的阿尔柏博士，美国约翰霍普金斯大学的内萨恩斯博士和史密斯博士共同获得1978年的诺贝尔生理学或医学奖。表彰他们对限制性核酸内切酶的发现及其在分子遗传学中的应用。

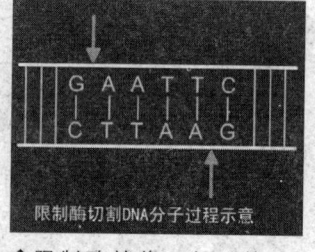

◆限制酶就像一把"剪刀"切割DNA中的碱基对

当噬菌体进入细菌体内后，噬菌体的DNA（脱氧核糖核酸）被细菌拥有的一种化解酶破坏，从而限制了噬菌体的繁殖，这就是所谓限制性现象。而细菌中同时还拥有另一种甲基化的修饰酶。这种酶不仅可以保护细菌本身的DNA不被破坏，而且对属于同一细菌株的噬菌体的DNA也具有修饰保护作用，使得属于一个细菌株的噬菌体可以正常地感染繁殖，这就是所谓"解除这种限制性的现象"。

阿尔柏将细菌中的这两种酶分别分离出来，然后集中研究这些酶的生物学意义。在他之后，史密斯博士不仅分离提取了这两种酶，而且明确了酶的分解和修饰部位的特性。此外，内萨恩斯博士则将这种酶作为测定DNA的碱基排列顺序和专一分离DNA的工具使用，再次明确了这种酶的巨大作用。